U0200349

碳中和九问

中国人民大学重阳金融研究院 ◎ 编著

9 Questions For Carbon Neutrality

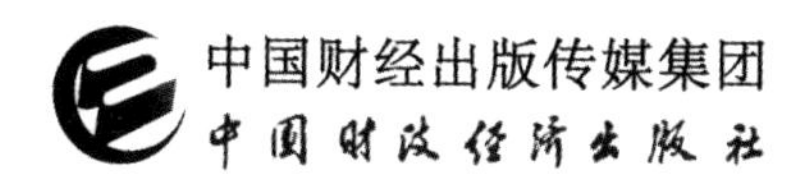

图书在版编目（CIP）数据

碳中和九问 / 中国人民大学重阳金融研究院编著
. -- 北京：中国财政经济出版社，2022. 6
ISBN 978 – 7 – 5223 – 1394 – 8

Ⅰ. ①碳…　Ⅱ. ①中…　Ⅲ. ①二氧化碳 – 节能减排 – 研究 – 中国　Ⅳ. ①X511

中国版本图书馆 CIP 数据核字（2022）第 070166 号

责任编辑：郁东敏　胡雪滢　　　责任校对：胡永立
封面设计：中通世奥　　　　　　责任印制：刘春年

碳中和九问
TANZHONGHE JIUWEN

中国财政经济出版社 出版

URL：http：//www. cfeph. cn
E – mail：cfeph@ cfemg. cn

社址：北京市海淀区阜成路甲 28 号　邮政编码：100142
营销中心电话：010 – 88191522
天猫网店：中国财政经济出版社旗舰店
网址：https：//zgczjjcbs. tmall. com
北京时捷印刷有限公司印刷　各地新华书店经销
成品尺寸：150mm × 220mm　16 开　15. 5 印张　117 000 字
2022 年 6 月第 1 版　2022 年 6 月北京第 1 次印刷
定价：56. 00 元
ISBN 978 – 7 – 5223 – 1394 – 8
（图书出现印装问题，本社负责调换，电话：010 – 88190548）
本社质量投诉电话：010 – 88190744
打击盗版举报热线：010 – 88191661　QQ：2242791300

目录

Contents

3

4

5

1

徐锭明

如何打赢一场硬仗达峰中和，如何通过一次大考治国理政

【专家介绍】

徐锭明：1946 年 11 月生，我国著名能源学家。

1970 年毕业于北京石油学院，高级工程师，历任国家发展计划委员会基础产业司副司长、正局级巡视员、西气东输办公室主任。2003 年 4 月，任国家发展和改革委员会能源局局长。2005 年 4 月，兼任国家能源领导小组办公室副主任。2014 年 12 月，被聘任为国务院参事室特约研究员。

徐锭明曾在大庆、大港、渤海油田工作 11 年，又

先后在石油工业部、中国海洋石油总公司、中国石油天然气集团公司、能源部工作，也曾任国务院参事、国家能源委员会专家咨询委员会副主任、国家气候变化专家委员会委员，长期从事能源发展战略研究、规划编制、重大工程实施等工作。

中央提出“3060”以后，全国上上下下都行动了起来。首要的任务是理解中央指示精神，第二要学习碳排放的基本知识，才能够根据各行各业具体实情来寻求达峰综合的时间、路径、方法等。

在国家碳达峰、碳中和工作领导小组第一次全体会议上，要求全面贯彻落实习近平生态文明思想，确保如期实现碳达峰、碳中和的目标。

“3060”问题是党中央经过深思熟虑作出的重大战略决策。国务院副总理韩正同志也做了部署，要求要把目标任务分解，要加强顶层设计，各行各业都要科学设置目标、制定行动方案。韩正同志强调指出，要尊重规律，坚持实事求是、一切从实际出发，科学把握工作节奏，而且要加强国际合作。韩正同志讲，要宣传好我国应对气候变化的决心、目标、举措和成效，要求善于用案例讲好中国故事。

哲学家们用不同的方式解释世界，问题在于改变世界。“3060”本身就在改变世界。改变世界要凭借科技，例如大数据、互联网、区块链等。要理解这些现代技术，恩格斯有一句话非常重要，只有当我们用数字描述一个世界时，才会由必然王国走向自由王国。完成“3060”也是从必然王国走向自由王国的一个历史过程。

毛泽东同志曾经讲过一段话："人类的历史，就是一个不断地从必然王国向自由王国发展的历史。这个历史永远不会完结。因此，人类总在不断地总结经验，有所发现，有所发明，有所创造，有所前进。停止的论点，悲观的论点，无所作为和骄傲自满的论点，都是错误的。"

所以在"3060"当中，我们要有所作为。"3060"是中国可持续发展的内在要求。2020 年 11 月 22 日，习近平主席在二十国集团领导人利雅得峰会"守护地球"主题边会上致辞："深入推进清洁能源转型，支持后疫情时代能源低碳转型，实现人人享有可持续能源目标。""实现人人享有可持续能源目标"是从哪里来的？

从 1972 年以来关于这个主题提过三个口号。1972 年人类提的口号是"我们只有一个地球，人类只有一个地球"。过了 20 年人类又提了口号，英文叫作"sustainable development"，中文叫作"可持续发展"。又过了 20 年，2012 年在巴西里约热内卢，人类又提出口号"人人共享可持续能源"。当时的联合国秘书长潘基文先生为了解释这个口号，在《人民日报》

2012 年 6 月 17 日专门发表了一篇文章，解释什么叫作“人人共享可持续能源”。所以，习近平主席在利雅得峰会上用的这句话，是 2012 年巴西里约热内卢会议，人类三个口号：我们只有一个地球；可持续发展；人人共享可持续能源。

世界各国承诺的碳中和时间、世界各国要退出煤电的时间、中国现在排放多少二氧化碳，各国相关的数据都有，但是讲得都不一样。

中国在可持续能源方面走在了世界前列。我们要了解二氧化碳首先就要了解什么是温室气体。

中国的碳排放。2019 年中国 GHG（温室气体）总排放 139.2 亿吨，二氧化碳当量，与能源有关的二氧化碳排放 98.26 亿吨，占世界总量的 28.8%。2019 年中国人均二氧化碳排放是 8.12 吨，在世界上居第 37 位，已经超过了世界人均水平。

图 1 是全国各地的排放，能源、钢铁、建材、交通、建筑等各行业的排放。从 2020 年 4 月到 2021 年 3 月，我国二氧化碳排放创下了近 120 亿吨的历史新高，总量还在增加。

前面是一些铺垫，今天讲的主题是“一场硬仗达峰中和、一次大考治国理政”。这个题目哪里来的?

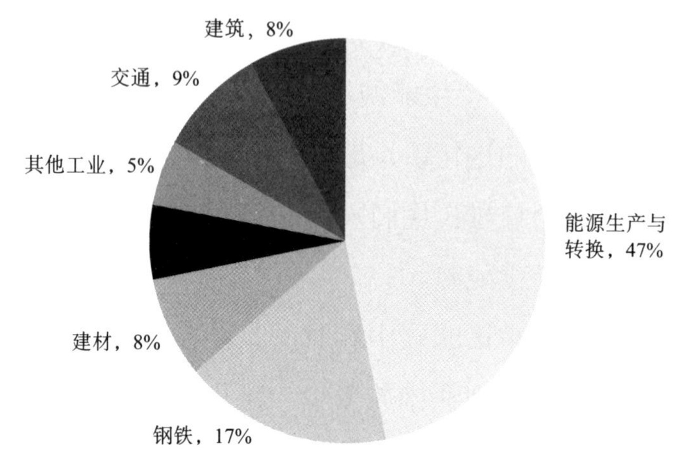

图 1　中国能源活动碳排放占比情况

资料来源：《中国 2030 年前碳达峰研究报告》中“（一）经济社会发展与碳排放”，2021 年 3 月全球能源互联网发展合作组织发布，https：//www. sohu. com/a/456659984_ 651733

2021 年 3 月 15 号，在第九次中央财经委员会会议上，领导同志讲话里就有这两句话。

2021 年 4 月 22 日，习近平主席以视频方式出席了领导人气候峰会，并发表题为“共同构建人类与自然共同生命体的”讲话，提出：“中国坚持走生态优先、绿色低碳的发展道路，中国承诺实现从碳达峰到碳中和的时间，远远短于发达国家所用时间，需要中方付出艰苦努力。”碳达峰、碳中和对中国人民来讲是一个非常艰苦的努力，各行各业，全国上上下下都要把它当作一项重大的战略任务，人人都要动员起来，否则这个任务的完成是非常困难的。

中央财经委员会第九次会议落实了党的十九届五中全会精神，把“3060”的工作具体化了。

第一，要把碳达峰、碳中和纳入生态文明建设整体布局。碳达峰、碳中和不是孤零零的，它是中国生态文明建设十分重要的一个方面。

第二，“3060”是党中央经过深思熟虑作出的重大决策，事关中华民族永续发展和构建人类命运共同体。“事关中华民族永续发展”，也可以解释为永续发展事关中华民族生死存亡！

中央财经委员会第九次会议指出实现碳达峰、碳中和是一场硬仗，是对党治国理政能力的一场大考，即“一场硬仗达峰中、一次大考治国理政”。中央要求领导干部要加强碳排放相关知识的学习，增强抓好绿色、低碳发展的本领。现在不少同志对碳排放的相关知识相当缺乏，学不好碳排放相关知识就抓不好绿色发展和低碳发展，就没有绿色发展和低碳发展的本领。

为了让干部学好碳达峰、碳中和的基本知识，人民出版社第一时间出版了由社科院和国家气象局联合编著的《碳达峰、碳中和 100 问》。上海交大 2020 年

5 月出版了一套书“助力碳达峰、碳中和推荐丛书”。比尔·盖茨撰写了《气候经济与人类未来》。巴巴拉·弗里兹写了一本科普读物《黑石头的爱与恨——煤炭的故事》。

中央提出要构建以新能源为主体的新型电力系统，以新能源为主体。什么是新能源，什么是新型电力系统？新型电力系统和老的、原来的电力系统是根本不同的电力系统。新型电力系统是要彻底改变电力工业的基本规律。

中央财经委员会第九次会议告诉我们，“3060”是一场硬仗，“3060”是一次大考。要求加强风险识别和管控，处理好减雾降碳和能源安全、产业链供应链安全、粮食安全以及群众正常生活的关系。“3060”不能影响群众的正常生活，不能搞一刀切，要具体问题具体分析。紧接着中共中央政治局 4 月 30 日召开学习会议，部署了“3060”的具体工作。

中央讲了“十四五”生态文明建设进入了以降碳为重点战略方向，推动减污降碳协同增效，重要的战略方向降碳。还告诉我们这一场战斗不可能一蹴而就，要坚持不懈，奋发有为。这是一场广泛而深刻的经济社会变革，要求各级党委、各级政府拿出抓铁有痕、踏石留印的劲头，明确时间表、路线图和施工图。全国第一个表态的是浙江省，在全国打响第一枪，公布了时间表、路线图和施工图。注意，会议也强调：不符合要求的高耗能、高排放项目要坚决拿下来。这就是中央的战略布局。

一、党的十九届五中全会精神对于能源行业的指导

党的十九届五中全会对“3060”的工作做出了具体部署。《人民日报》、新华社编了一个儿歌，叫作“一二三四五读懂‘十四五’”。“一”是五中全会的一个主题，“二”是两个阶段，“三”是三个新，“四”是四个全面，“五”是五大理念；还编了一个图——“一图看懂‘十四五’”，包括五大原则、六大目标，十二个方面，四十八条政策。五中全会精神概括起来就是一句话：“坚持三个根本，实现三个根本”。改革创新是发展的根本动力，14亿人民对美好生活的追求是发展的根本目的，高质量发展是实现三个根本的根本方法，为保证高质量发展提供政治保证、制度保证和机制保证。为了坚持三个根本，实现三个根本，党

的十九届五中全会提出了三个化——绿色化、数字化、国际化。绿色化、数字化和国际化是实现三个根本抓手。

党的十九届五中全会和能源有什么关系呢？前者提出了能源总方针，为未来能源工作指出了路线、方向、目标和时间要求。

党的十九届五中全会能源总方针可以总结为两句话：用科技实现碳达峰和碳中和，用绿色完成能源革命目标。根据党的十九届五中全会精神，能源工作迎来了“两浪两破，两生两死”，能源发展迎来了“绿色化之浪，智能化之浪”。而“碳中和破绿色化之浪，数字化破智能化之浪”。

党的十九届五中全会后，能源工作有“两生两死”——“绿色化者则生，高碳顽固者死”，“数字化者则生，故步自封者则死”。我这里讲的“生”和“死”不是单纯的死亡，而是退出历史舞台。不能智能化和数字化发展，老的传统工业、老的传统能源要退出历史舞台。中央提倡要建立新的电力体系，什么是新的电力体系？2009 年 8 月 27 日，第十一届全国人民代表大会常务委员会第十次会议通过的决议，《人民日报》2009 年 8 月 28 号第五版全文刊登了

《全国人大常委会关于积极应对气候变化的决议》，要求“要立足国情发展绿色经济、低碳经济，这是促进节能减排、解决我国资源能源环境问题的内在要求，也是积极应对气候变化、创造我国未来发展新优势的重要举措。研究制定发展绿色经济、低碳经济的政策措施，加大绿色投资，倡导绿色消费，促进绿色增长。要紧紧抓住当今世界开始重视发展低碳经济的机遇，加快发展高碳能源低碳化利用和低碳产业，建设低碳型工业、建筑和交通体系，大力发展清洁能源汽车、轨道交通，创造以低碳排放为特征的新的经济增长点，促进经济发展模式向高能效、低能耗、低排放模式转型，为实现我国经济社会可持续发展提供新的不竭动力。”

其中两句话：“要紧紧抓住当今世界开始重视发展低碳经济的机遇，加快发展高碳能源低碳化利用和低碳产业，建设低碳型工业、建筑和交通体系”，是中国工程院院士谢克昌同志起草的。

污染的煤炭要清洁化利用，有害的煤炭要健康化利用，黑色的煤炭要绿色化利用，实现高碳能源低碳化利用。2009 年很重要，我们不要忘了历史，碳中和、碳达峰是与党的方针一贯一脉相承的。

党的十九届五中全会要求能源工作要抓住“两新”，坚持“三个主”。“两新”是“能源发展进入新阶段，能源改革进入新关头”。能源发展进入新阶段，二氧化碳的问题已经倒计时，能源改革进入新关头，要还原能源商品属性。“三个主”是绿色化主战场发展可再生能源，双循环主动脉分布式与智能网，高质量主力军是两化进一步融合，建设能源互联网。

党的十九届五中全会对能源革命的目标、时间、手段、路径都有明确要求，能源革命的目标是碳达峰和碳中和实现可持续发展，能源革命的时间是“3060”，能源革命的手段是科技创新和国际合作，能源革命的路径是去碳化利用与发展可再生能源。

两化两转型将是中国能源高质量发展必然趋势和必由之路。推动能源革命实现能源革命，就是能源的“不忘初心、牢记使命”。发改委能源局网页曾写到：“能源问题国之大事，能源安全强国之本，能源节约人人有责，谋能源发展之大计，抓能源发展之大事”，一语中的。

纵观人类社会发展的历史，人类文明的每一次重大进步都伴随着能源的改进和更替。反之亦然，能源的每次改进和更替都推动了人类社会发展的历史，推动了人类文明的进步。

这次能源革命要干什么？要把我们带入社会主义生态文明新时代，就是要碳达峰、碳中和。

党的十八届五中全会的能源总方针，实际上讲的也是碳达峰、碳中和。“推动低碳循环发展，建设清洁低碳安全高效的现代能源体系，实施近零碳排放区示范工程。”

为了理解这个总方针，我编了三段话：第一段话是儿歌，全国人民都可以理解；第二段话能源工作者要理解；第三段话说的是能源工作者肩上的担子。

（一）

一句话，分三段，段段都有碳。

碳排放，趋近零，目标大如天。

促革命，应气变，做出大贡献。

中国人，有志气，美丽中国建。

（二）

如期建小康，红线不能迈。

全面不全面，关键在生态。

绿色是方向，生态是红线。

学好两山论，保护好河山。

美丽中国梦，百花生态园。

注：（1）什么叫“红线”，土地红线、水的红线、生命红线、湿地红线、空气红线、健康红线。所谓“红线”，是指资源消耗上限、环境质量底线、生态功能基线，加在一起叫作“红线”。这是第一条要理解红线。

（2）学好“两山论”，绿水青山就是金山银山，原来是开发金山银山破坏绿水青山，后来是既开发金山银山又保护绿水青山，而且绿水青山就是金山银山。现在拿来对比一下，讲的就是碳达峰、碳中和。

（三）

绿色发展践行者

生态红线守护者

无碳能源开发者

持续发展推动者

中央部署都是一步一步渐进式发展的，方针都是一项一项循序式连续的：

第一要全面推动能源革命；

第二要主动摆脱煤炭依赖；

第三要自觉跨越油气时代；

第四要热烈拥抱零碳未来；

第五要深度实现两化融合。

全世界都在重构能源结构，重构能源业态，重构能源市场，重构能源安全，重构世界能源版图，重构世界能源话语权。

能源开发工作要坚持因地制宜，多元开发，因需制宜，各得其所，因能制宜，各尽其用，因时制宜，梯级利用。我们伟大的物理学家吴仲华先生，他跟邓小平同志讲能源课时，最后讲了能源工作要坚持十六字方针——分配得当，各得所需，温度对口，梯级利用。

我认为，“3060”早达峰者早主动，早中和者占先机，达峰中和拼科技，战略转型看绿色。关于碳达峰、碳中和，我们要有科学的认识，碳从哪里来，碳到哪里去，碳在干什么，我们该怎么办？二氧化碳不是越多越好，也不是越少越好，我们应如何尊重自然界的生物循环规律？碳是自然界最普遍的元素之一，是地球上能够形成生命的核心要素，没有碳就没有生命；在人类发展历史上，碳不仅是食物的来源，能量的来源，更是材料的来源，所以我们要科学地看待碳和二氧化碳。

二、实现碳中和的路径与实践思维

中科院院士、中国石油勘探开发研究院副院长邹才能指出，二氧化碳是地球碳循环的重要介质，具有实现生态系统有机物转换和造成地球表面温室效应的双重属性。

中国的碳中和路怎么走？一棵树要长成一立方米的木材，要排放多少氧气，吸收多少二氧化碳。要减少碳足迹，计算碳排放量，即：算碳之足迹，做低碳之达人，促绿色发展，建生态文明。

如果没有温室气体，没有二氧化碳，全球的平均气温将是零下19℃，而不是现在的24℃，所以，二氧化碳不是坏东西，要平衡，人为造成二氧化碳增加的，要把它中和掉。

工业革命之前大气二氧化碳浓度为280PPM，现在为416PPM，人类排放的二氧化碳是从哪里来的？什么叫“碳足迹”，什么是“生态足迹”，什么是“生态经济协调度”等。要了解六种温室气体相互间的转换关系，如甲烷对温室气体的影响是二氧化碳的21倍；煤炭、石油、天然气燃烧会排放二氧化碳，同样当量的天然气排放是煤的一半，石油是70%等。这些科学知识我们都要学习，如生态产品、碳预算等。

世界正走在一条不可持续发展道路上，中国同样走在一条不可持续发展道路上。全球1.5℃增温特别报告，对人类意味着什么？对能源行业意味着什么？气候变化速度超出预期，气候变化给我们带来的挑战超出预期。所以，应对气候变化的决心不能变，意志不会变，主要原则不应变。

什么叫作地球超标日？按照中国人的话叫作寅吃卯粮，在某年某月某日前，我们所用的生态产品是“地球母亲”给我们的，在某天之后，我们用的生态产品是地球给我们儿孙的。如果全世界按照中国人民的生活水平来换算，需要2个地球才能养活人类；如果全世界按照美国人民的生活水平来换算，则需要4.8个地球；现在全世界平均下来需要1.6个地球。所以，全世界走上了不可持续发展的道路，大自然不需要人类，但是人类需要大自然。

未来能源的要求应该有：一要可负担，二要可靠，三要可持续。17个指标中扶贫指标中国已经完成了。

建设美丽中国我们在行动。2006年我撰写了《从容迎接后石油时代到来》，2008年我撰写了《建设能源生态体系，促进能源生态文明》，2010 年在《人民日报》发表《发展绿色产业，低碳是核心》，2013 年在中共中央办公厅秘书工作杂志发表《浅谈“碳中和”会议》。碳达峰、碳中和早在 1997 年就提出了，但是很多人当时没有重视。现在慢慢通过学习提高认识，我们要完成“3060”。

气候变化人人有责，地球很生气，后果很严重，气温升高 1℃，非洲沙漠变桑田；温度升高 2℃，1/3 动植物消亡；温度升高 3℃，生态灾难；温度升高 4℃，欧洲人大迁徙；温度升高 5℃，阔叶林重现加拿大北极圈；温度升高 6℃，95% 的物种要灭绝，我们就会变成气候难民。

完成“3060”的任务，也是给我们的子孙一个蓝天、碧水、净地。

恩格斯早就指出：“不要过分陶醉于我们对自然界的胜利，对于每一次这样的胜利，自然界都报复了我们。”

现在全国都行动起来了，都在制定自己“3060”的目标和任务，各行各业都在做，五大电力、两个电网、三桶油都表态了，钢铁工业也表态了，化工工业、煤炭工业、电力工业都表示要坚决贯彻中央精神，要实现“3060”的伟大目标。包括互联网部门、钢铁部门、电力部门、煤炭部门、石化部门，建材部门都有实践案例。例如，钢铁工业更要重视氢能的利用，氢能将在减碳当中发挥重要作用，在能源转型当中发挥重要作用。

我认为未来要抓好碳达峰、碳中和要做四个方面的工作：第一，要有方法论；第二，要建模型；第三，要利用大数据新科技；第四，要有新的思维。

第一是方法论。各单位和行业，创建自己的方法论。

第二要建模型，要拿数据说话，如经济系统建模、能源系统需求侧建模、能源系统供给侧建模、环境系统建模。数据不断在变，模型可以告诉我们预测的结果。

第三要利用大数据，大数据要用新的科技，区块链、互联网、大数据等，未来数字经济货通天下，互联互通世界一家。数字化转型是企业的必修课，拥有数字能力是企业的基本功，未来的经济是数字化的实体经济，整个碳达峰、碳中和要建立生态系统，真正改变世界的生态系统。

第四，要有新的思维——数学思维、市场思维、生态思维、熵论思维。

数学思维和市场思维要求我们回归人性，敬畏人心，生态思维要求我们建立一个地球，生物圈，同生共荣。

杨振宁先生告诉我们一定要有数学思维，他说牛顿运动方程是第一次工业革命的理论基础和创新源头，麦克斯韦方程是第二次工业革命的理论基础，爱因斯坦狭义相对论是核能革命理论基础，拉狄克和托尔曼·奥本海默·沃尔科夫方程是第三、第四次工业革命的理论基础，爱因斯坦的广义相对论可能是我们的星际旅行时代的理论基础。这些数学方程石破天惊，是划时代的里程碑。没有这些方程，就没有今天的物理和化学，就没有今天各种各样先进的技术，包括核磁共振。

清华大学科学史系主任吴国盛讲：“如果物理学只能留一条定律，我会留熵增定律。”著名的奥地利物理学家埃尔温·薛定谔先生的《生命是什么》指出：“人活着就是在对抗熵增定律，生命以负熵为生。”为什么要讲到熵，熵增让我们不能发展，减熵让我们可持续发展。

科技决定能源未来，科技创造未来能源，从长远看，未来能源发展不取决于对资源的占有，取决于能源高科技的突破。

实现碳中和需要全民动员，根治雾霾同样需要全民动员。原国家环境保护局局长、全国人大环境与资源保护委员会原主任委员曲格平先生 2013 年接受记者采访时讲道，不能够反腐要亡党亡国，不治理环境污染，也要亡党亡国，没有发展前途。

时代是出卷人，行动是答卷人，人民是阅卷人，历史是评卷人。

根据中央精神，我们每个干部要增加八大本领——学习本领、领导本领、创新本领、发展本领、执政本领、群众工作本领、狠抓落实本领、驾驭风险本领，我们既要当好领导又要成为专家，学会学习本身，比学什么内容更重要。

善学者掌握未来，创新者掌握未来，谦虚者掌握未来，健康者掌握未来。疫情告诉我们，千隔离万隔离，免疫力是第一力；千个好，万个好，生命力最美好。在碳达峰、碳中和进程中，我们要实事求是，不掩饰缺点，不回避问题，不文过饰非。有缺点克服缺点，有问题解决问题，有错误纠正错误。

健康发展的根本目的也是人民的根本追求，健康是为人第一权利，是为人生存的第一条件，是一切历史的第一前提。没有全民健康，就没有全面小康。党的十九大之后，人民需要新的“三高”，即生态的高颜值、发展的高素质、生活的高品质。

同志们，我们要把人民放在心上，心中有信仰，脚下有力量，“不忘初心，方得始终”，机会总是留给有准备的人，共建人类百花园，各美其美是智慧，美人之美是胸怀，美美与共是文明，天下大同是理想。赢在思维，输在思维，思维能力才是一个人的顶级实力。

2

张玉清

能源产业如何助力中国“十四五”高质量发展

【专家介绍】

张玉清：国家能源局原党组成员、副局长。现受聘为中国大连高级经理学院特聘教授，同济大学海洋资源研究中心学术委员会委员，中国石油国家高端智库首批专家，中国海油能经院专家委员会专家。

一、关于全球能源消费需求及结构预测

麦肯锡咨询公司 2021 年《全球能源展望报告》预测，全球化石能源总需求峰值可能在 2027 年。其中，煤炭需求在 2014 年已经达到峰值，石油需求峰值可能在 2029 年到来，天然气应该是未来 10 到 15 年仍然继续增长的化石能源。天然气需求峰值可能出现在 2037 年。

表 1 是中石化经研院对碳达峰、碳中和背景下全球一次能源需求量的预测，基数年是 2020 年，预测到 2060 年。根据有关资料统计，目前全球 120 多个国家明确宣布碳中和目标，这些国家碳排放总量占全世界总量的 60.8%。但是因技术和参与国家不平衡等因素，全球“碳中和”路径和进程存在不确定性，但是碳中和将加快推动低碳核心技术应用，倒逼技术创新，能源结构和产业结构深度调整。在碳达峰、碳中和过程中，天然气将超过石油成为第一大能源，当然非化石能源将超过化石能源成为第一大能源。

表1 碳达峰、碳中和背景下全球一次能源需求量的预测

项目 \ 年份		2020	2025	2030	2040	2050	2060
石油（亿吨）	消费量	43.4	47.5	43.7	34.1	26.4	17.1
	占比	32.7%	31.2%	28.7%	22.0%	16.6%	11.2%
天然气（万亿立方米）	消费量	4.0	4.6	4.6	4.5	4.3	3.5
	占比	24.7%	24.4%	24.6%	23.7%	22.1%	18.7%
煤炭（亿吨标煤）	消费量	50.1	52.0	44.5	29.3	17.6	4.7
	占比	26.4%	23.9%	20.4%	13.2%	7.8%	2.1%
非化石（亿吨标煤）	消费量	30.6	44.7	57.3	90.8	121.5	148.9
	占比	16.1%	20.5%	26.3%	41.0%	53.5%	68.0%
能源总计（亿吨标煤）		189.5	217.6	217.9	221.4	227.1	219.0
碳排放（亿吨）	能源活动相关碳排放量	328.3	353.5	332.1	248.9	183.4	114.2

资料来源：中国石化经研院

二、我国能源产业在“十四五”发展面临的形势

2020年我国首次对外宣布碳中和的具体时间，习近平总书记在2020年9月22日第七十五届联合国大会一般性辩论上发表重要讲话时表示：“中国将提高国家自主贡献力度，采取更加有力的政策和措施，二氧化碳排放力争于2030年前达到峰值，努力争取

2060 年前实现碳中和。”2020 年 12 月 12 日，习近平主席在“气候雄心峰会”上通过视频发表重要讲话时宣布：“到 2030 年，中国单位国内生产总值二氧化碳排放将比 2005 年下降 65% 以上，非化石能源占一次能源消费比重将达到 25% 左右，森林蓄积量将比 2005 年增加 60 亿立方米，风电、太阳能发电总装机容量将达到 12 亿千瓦以上。”

2021 年 3 月我国颁布的“十四五”规划和 2035 年远景目标纲要中提出，要推进能源革命，建设清洁低碳、安全高效的能源体系，提高能源供给保障能力。加快发展非化石能源，坚持集中式和分布式并举，大力提升风电、光伏发电规模，加快发展东、中部分布式能源，有序发展海上风电，加快西南水电基地建设，安全稳妥推动沿海核电建设，建设一批多能互补的清洁能源基地，非化石能源占能源消费总量比重提高到 20% 左右。

2021 年 3 月 15 号，习近平总书记主持中央财经领导小组会议第九次会议再次强调：“我国力争 2030 年前实现碳达峰，2060 年前实现碳中和，是党中央经过深思熟虑作出的重大战略决策，事关中华民族永续发展和构建人类命运共同体。”“要构建清洁低碳安全高效的能源体系，控制化石能源总量，着力提高利用效能，实施可再生能源替代行动，深化电力体制改革，构建以新能源为主体的新型电力系统。”

2021 年 4 月 30 日，习近平总书记在中共中央政治局第 29 次集体学习时指出，“十四五”时期，我国生态文明建设进入了以降碳为重点战略方向、推动减污降碳协同增效、促进经济社会发展全面绿色转型、实现生态环境质量改善由量变到质变的关键时期。实现碳达峰、碳中和是我国向世界作出的庄严承诺，也是一场广泛而深刻的经济社会变革，绝不是轻轻松松就能实现的。各级党委和政府要拿出抓铁有痕、踏石留印的劲头，明确时间表、路线图、施工图，推动经济社会发展建立在资源高效利用和绿色低碳发展的基础之上。不符合要求的高耗能、高排放项目要坚决拿下来。这就是我国“十四五”能源产业发展面临的形势，也就是“双碳”目标。

三、我国能源产业“十四五”高质量发展思考

根据“十四五”期间我国能源产业发展面临的形

势，未来我国能源转型发展的总体趋势可以概括：能源生产消费低碳化、智能化，能源供应多元化，多能互补一体化，分布式能源引领发展，综合能源服务成为行业共识。

（一）完善能源产业产能储销体系建设

我国还处在一个城镇化、工业化的发展阶段，能源需求还在增长，完善能源产业产能促销体系建设，应考虑如何保证能源安全稳定供应。目前来讲，一个是天然气，一个是电网安全运行。

1. 加快储气调峰能力建设

目前天然气的稳定供应在某一方面比石油还重要，因为随着天然气用气量的逐年增长，对外依存度的不断攀升，天然气涉及千家万户和工业企业。所以，第一加快储气调峰能力的建设。根据有关统计，我国2019 年底有效储气量超过 160 亿立方米，但仅占消费量约 5.0% 左右，仍然远低于世界 12% ~15% 的平均水平，储气能力不足的短板依然突出，需采取多种措施提高应急保供能力。一是加快地下储气库、LNG 储罐等；二是应积极研究探索优选规模整装高效气田作为调峰气田问题，即产能储备。荷兰经验非常值得借鉴，其格罗宁根大型气田应急调峰作用十分显著（见图2）。该气田夏季压产、冬季全力生产，既起到调峰作用，又延长气田开发寿命。

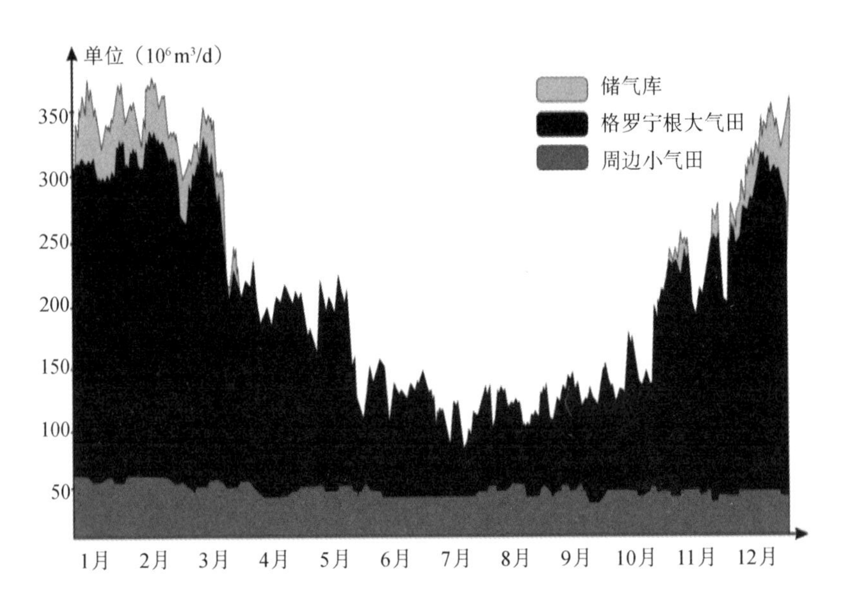

图2　荷兰格罗宁根大型气田气库联动调峰作用显著

资料来源：中国石油勘探开发研究院

实施气田产能储备既能提高我国冬季调峰保供应急能力，也有利于我国冬季用气高峰时抑制进口LNG价格的过快上升。从国际上的LNG价格来看，总的规律是到了冬季LNG价格就上涨，为了冬季保供，需要在东南沿海LMG接收站采购大量LNG现货，价格都是比较高的，取暖季过了以后国际LNG价格就会下降。

2. 优化完善电网安全运行

2030 年我国非化石能源占一次能源消费比重将达到 25% 左右，可再生能源的大规模接入电网，其间歇性、不稳定性、随机性也给电网的安全运行带来挑战，亟须加快构建适应高比例、大规模可再生能源发展的电网系统。既要解决好可再生能源的消纳问题，又要保障安全稳定的电力供应。

（二）坚持节能优先，努力提高能源利用效率

2019 年，我国单位 GDP 能耗是美国的 2.2 倍、德国的 2.8 倍、日本的 2.7 倍、英国的 3.68 倍。目前，我国单位 GDP 能耗是世界平均水平的 1.5 倍。上述这些数字表明我国提高能效空间、节能潜力很大。提高能效是我国 2030 年前实现碳排放达峰的重要措施。这是“十四五”期间，甚至“十五五”，或者是今后都要认真贯彻节能优先战略，我们需要更加重视能源利用效率的提升，加快推动能源消费革命。

（三）加快能源产业数字化、智能化发展

“十四五”规划和 2035 年远景目标的建议提出要

发展数字经济，推进数字化产业和产业数字化，推动数字经济和实体经济深度融合，打造具有竞争力的数字产业集群。

发展数字经济是新一轮科技革命和产业变革的大趋势，当前以人工智能、大数据、物联网、云计算、区块链为代表的新一代信息技术迅猛发展，数字技术与能源交叉融合，不断催生新模式、新业态、新产业。

加快推动数字化转型、智能化发展既是国家经济社会的发展战略，也是企业降本增效，提升核心竞争力、实现高质量发展的重要措施。

某跨国公司一位高级管理人员曾这样描述数字化对降本增效的作用："经过这轮周期，我们发现一个有趣的事情，就是当时在 120 美元/桶下还要亏损的项目，如今 60 美元/桶之下还可以盈利，在这其中数字化扮演了很重要的角色。"所以，能源产业数字化转型、智能化发展是未来降本增效非常重要的措施。

（四）推动气电产业和新能源融合发展

随着可再生电源在我国电网中的比例越来越大，急需提升灵活性电源的比例，考虑经济性和环境问题。鉴于气电运行灵活及调节性能等方面优势以及储能技术成本较高的情况，为弥补可再生能源的随机性、波动性、间歇性的不足，应积极推动天然气和可再生能源融合协同发展。建议可以在以下三个领域积极探讨天然气与可再生融合发展问题。

一是多能互补项目：要大力发展天然气分布式能源（冷热电三联供）与可再生能源的多能互补项目。

二是在中东部及沿海电力消费负荷区，应积极研究“十四五”期间建设一些天然气的调峰电站。

三是在风、光新能源基地和天然气生产重叠区以及靠近输气管道的大型新能源基地，应积极探讨可再生能源与天然气发电协同发展外送问题。

（五）加快推动综合能源服务产业发展

综合能源服务目前也是能源领域一种广泛的共识。传统城市能源规划是电力规划到电力用户、燃气规划到燃气用户、热力规划到热力用户。新型城市能源规划是为了解决电力、燃气、热力这三个网融合问题，这个市场也是非常大。有专家估计综合能源服务市场是一个万亿元大市场。那么，对综合能源服务发展采取什么模式呢？

1. 需求导向，用户至上

综合能源规划要根据用户的需求，坚持问题导向编制综合能源规划，最大程度地提高能源的综合利用效率。

2. 跨界融合，协同发展

综合能源规划涉及电力、燃气、热力，过去由于电力、燃气、热力规划都是能源竖井，将来涉及怎样实现横向联合的问题。因为每个产业都有每个产业的特点，每个产业有自己的优势，大家需要跨界融合、协同发展，共同开发综合能源服务市场。

3. 合作模式，因地制宜

综合能源市场很大，用户需求各不相同。应根据用户的需要，在综合能源服务市场开发过程中，采取相对应的合作模式。比如有的项目可能是以电力企业为主导，联合热力和燃气企业组成合资公司；有的项目可能是燃气企业牵头。也就是说，合作模式应该根据市场情况，由不同企业牵头，组成合资公司运行管理。

4. 降低成本，确保安全

综合能源产业要发展壮大，不但要提高整个能源综合利用效率，也必须要把用户的用能成本降低下来；

同时，还要保障用户安全用能。

（六）大力推动中东部分布式能源发展

分布式能源靠近用户侧，减少了长距离输送，提高了能源利用效率，是未来能源发展的大趋势。特别是2015年、2016年、2017年、2018年这几年，分布式光伏发展比较快。“十四五”规划和2035远景目标，也要求加快发展东中部分布式能源，这是发展的大趋势。

（七）打造天然气互利共赢生态产业链

中国天然气消费潜力还是比较大的，可从以下两个方面说明：一方面是人均消费，一方面是在能源消费中的比例。2018年中国天然气人均消费量约为202亿方，约为世界平均水平的40%，约为美国的8.1%，约为俄罗斯的6.4%；天然气在一次能源消费中的比例也比较低，2018年天然气在世界一次能源消费占比约23.9%，2019年天然气在中国一次能源消费占比仅约8.1%，从这两个数字中可以看出我国的天然气消费潜力比较大。

我国天然气消费的增长与GDP增速呈正相关，

GDP 增速快，天然气消费增速也比较快；但是天然气的消费增速与气价是负相关的。未来影响天然气消费的一个非常关键的因素是气价。以江苏为例：2015 年 11 月 20 日，天然气非居民门站价格大幅下调 0.7 元/方，2016—2018 年江苏省天然气年均消费增速超过 20%，成为历史增速最高点，特别是天然气发电用气量得到了大幅增加，2019 年价格涨幅大、消费增速大幅下滑。

随着基础设施不断完善和公平开放监管深入推进，未来消费者话语权增大，气价将成为其决策的关键因素。天然气各产业链必须降本增效，提高与替代燃料的竞争性，必须要打造天然气互利共赢生态产业链，气价“过山车”的波动极不利于天然气市场的开发。

世界天然气资源丰富，全球 LNG 供大于求有可能将是长期的或者供大于求是大概率，资源和市场互为依存，更重要的是“资源为王”变为“市场为王”将是大趋势。中国要充分利用市场战略买家优势，统筹管道气和 LNG 资源进口，降低进口价格，以开发市场；同时，也必须努力降低国内资源勘探开发、管输及配气成本。

（八）继续深化油气电力市场化体制改革

1. 关于油气行业改革

尽快解决“探而不采”问题，不断盘活存量资源，通过多种方式，推动探明未动用储量的开发和产能建设；严格区块强制性退出机制，通过竞争性出让活动，加大区块市场投放力度。改革的目标是形成以大型国有油气公司为主、多种经济成分共同参与的上游勘探开发体系，早日形成竞争性的勘探开发市场。通过竞争推动管理创新、科技创新，攻克关键核心技术，努力增加可采探明油气储量，实施低成本勘探开发战略。

美国的页岩气和页岩油革命非常重要的一个原因就是竞争。美国有众多的原油公司，同时也有众多的油气服务公司，通过竞争推动企业的管理创新，推动企业的技术创新。所以美国的页岩油气有非常强的生命力。

2. 关于电力领域的市场化改革

要加快构建和完善电力中长期市场、现货市场和辅助服务市场相衔接的电力市场体系，推动交易机构独立规范运行和增量配电试点项目落地，深化电网主辅分离等。

（九）高质量推动“一带一路”能源国际合作

1. 不同国家需要采用不同的合作模式

能源合作是“一带一路”建设的重点内容，特别是对一些发展中国家尤其重要。“一带一路”沿线国家众多，各国国情不同，需求也不相同，法律法规甚至风土人情各国都不相同。到“一带一路”国家从事能源合作，必须尊重各国的差异，努力探讨符合各国国情互利共赢的合作模式，共同推进战略规划机制的对接，加强政策、标准、规则的沟通。

2. 树立风险意识做好项目的前期论证工作

“一带一路”沿线国家也面临不同程度的政治、经济、社会、法律、政策等风险挑战。因此，企业在开展能源合作项目时，必须要有风险意识，要认真研究所在国项目存在的风险。研究风险不是为了研究而研究，研究风险的目的是在未来项目合作中怎么规避投资风险，采取哪些措施，包括和当地政府商谈，待签订合同时才能有所准备。要做好项目的评估论证，避免投资失误，提高项目的经济性。推动“一带一路”能源合作走深走实，努力画好“一带一路”能源合作的“工笔画”，打造出一批高质量“一带一路”能源合作项目最佳实践案例。

3. “一带一路”能源合作高质量发展的思考

坚持遵循共商共建共享原则，坚持政府搭台企业唱戏原则，坚持不同国家不同模式原则，坚持企业主体国际惯例原则，坚持互利共赢效益优先原则。

（十）突破核心技术装备、加强能源行业监管

突破核心技术装备，应坚持以企业为主体、重大工程项目为依托，问题和需求导向、产学研用深度融合，加强关键核心技术和装备的科技攻关，加快提高自主创新和原始创新能力，突破关键核心技术和装备，确保能源产业链、供应链的安全稳定，实现从“跟跑、并跑”到“创新、领跑”的转变，也是能源企业降低增效的一项重要措施。

加强能源行业监管，既是贯彻“四个革命、一个合作”的能源安全新战略的内在要求，也是能源治理体系现代化的重要措施。既采取推动能源体系革命的重要举措，也要加强能源监管，要坚持问题导向、目标导向，关注热点，解决难点，以推动行业改革政策

的落地，并且要破除影响 2030 年前实现碳达峰、2060 年前实现碳中和体制机制问题，以实现能源产业高质量发展。

3

李新创

钢铁行业如何实现碳达峰、碳中和

【专家介绍】

李新创：男，国务院政府特殊津贴专家、正高级工程师，冶金工业规划研究院党委书记、总工程师，俄罗斯自然科学院外籍院士，兼任中国钢铁工业协会副会长、中国节能协会副理事长和冶金工业专业委员会主任、中国金属学会冶金技术经济分会主任，被聘为“十四五”国家发展规划专家委员会委员、国家气候变化专家委员会委员、国家大气污染防治攻关联合中心研究室首席专家。

先后主持或参与完成我国钢铁工业“八五”至

“十四五”规划及相关产业政策的研究制定工作。主持或牵头承担国内外数百个钢铁企业和地区的发展规划以及重大项目的前期论证工作。先后代表国家参加第25届中美商贸联委会、G20钢铁论坛数轮谈判；应邀在国内外众多钢铁大会作主题发言，发表过200多篇钢铁工业发展方面的文章，出版了《论钢铁工业可持续发展》《中国钢铁转型升级之路》《中国钢铁未来发展之路》《基于跨界融合视角的钢铁企业商业模式创新》《钢铁全流程超低排放关键技术》《中国钢铁工业绿色低碳发展路径》《钢铁工业高质量发展研究》和英文版《The Road Map of China's Steel Industry》。曾出访考察几十个国家的钢铁和矿山企业，并参与众多国际规划咨询和合作谈判，促进我国钢铁企业加快国际化步伐。

当前，碳达峰、碳中和话题引发热议，不仅是国内、国际都非常关注的话题，而且对中国发展也是非常重要。习近平总书记指出："碳达峰、碳中和关乎中华民族永续发展和构建人类命运共同体，而且碳达峰、碳中和是一场广泛而深刻的经济社会系统性革命。"中国碳排放量占全球的比例高达28.8%，因此碳减排对中国的压力和挑战是巨大的。如何处理好发展和碳达峰、碳中和的关系也是当下非常关注的重要问题。

按照习近平总书记的重要讲话，应该处理好三个方面的关系：一是处理好发展和减排的关系；二是处理好整体和局部关系；三是处理好短期和中长期关系。

因为不同的发展阶段、不同的产业结构、不同的能源结构、不同的生态结构，都会对碳达峰、碳中和产生重大影响，因此，必须做好碳达峰、碳中和科学的行动方案。因为碳达峰、碳中和不仅是一个节能减排的事情，而且是发展方式、发展权的问题。科学地做好碳达峰、碳中和的方案在当前和未来都十分重要，因此高度重视科学发展，特别是低碳发展对于当前和未来都至关重要，在这种情况下钢铁行业如何面对挑战则显得意义重大。

首先，2020年中国钢产量是10.6亿吨，我国钢产量占全球钢产量高达57%，由于我们的钢铁流程结构是以长流程为主，高碳特性十分突出，因此中国钢铁占全球钢铁碳排放的比例预计在60%以上。对国内来讲，钢铁行业占全国总碳排放量的比例高达15%以上，因此钢铁行业无论是对国内还是对国际，都是关注的重点。

一、中国钢铁行业发展特征与趋势

为什么要着重谈一下钢铁行业的发展特征与趋势？因为习近平总书记要求处理好的三个关系，第一个就是发展与减排关系。钢铁行业如何适应碳达峰、碳中和，不仅是钢铁行业本身的事情，也是和整个中国经济发展、中国经济结构密切相关的。因为对于钢铁行业碳达峰，控制钢铁总量很容易实现，但钢铁总量不取决于钢铁自身，而是取决于整个中国经济发展的速度和中国经济发展的结构等众多因素。

目前，中国钢材消费中有58%与以投资为主的建筑领域密切相关，有35%左右与工业制造业密切相关，因此可以看出，如果中国经济增速中的投资增速保持增长，那么对钢铁消费就有很大的拉动作用，同时“十四五”期间中国发展速度还会保持一定增长，而且“十四五”期间中国制造业还会保持良好的发展态势，这就决定了中国钢铁在未来还有很重要的、支撑中国经济发展的客观要求，因此，很有必要对钢铁行业发展的特征和趋势做一个全面认真的分析。

（一）对钢铁行业的客观正确的认识

1. 强大的钢铁工业支撑中国经济快速发展

钢铁工业作为国民经济最重要的基础产业，在一定程度上是衡量一个国家综合国力和工业化进程的重要标志，而且钢铁的快速发展支撑了中国经济的快速发展。1949 年，中国钢产量只有 15. 8 万吨，到 2020 年中国钢产量高达 10. 65 亿吨。如果没有强大的钢铁做支撑，我国大量的基础设施建设、工业化进程甚至上天入地的巨大工程都很难如期完成。同时，从现阶段中国经济的结构来看，中国经济增速和工业增加值基本上都与钢产量同步，更重要的是钢铁行业对当前经济的发展也有很大的促进作用，能够带动大量的就业。因此，钢铁行业的重要性不言而喻。

2. 钢铁是典型的技术密集型行业

从钢铁行业经历的第一次革命、第二次革命、第三次革命到现在第四次革命，钢铁工业的各种进步，包括产品进步、技术进步包括工艺进步和劳动生产率的提高都离不开技术进步。

在钢铁发展规划方面，国家做“九五”计划时，对“钢铁行业劳动生产率”这一指标定的是人均产钢100吨/年，国家“十三五”规划时定的钢铁行业劳动生产率要达到1000吨/年，2019年接近900吨。“十四五”规划中很多企业提出了钢铁劳动生产率每年要达到1200吨以上，新建要达到人均2000吨以上。从100吨到1000吨，再到1200吨以及要求的2000吨以上都靠技术进步。因此，“钢铁从业者”包括社会大众，要强化钢铁是技术密集型产业的认知。没有技术支持，钢铁工业很难继续提高进步。

3. 钢铁让世界更美好

不仅是钢铁工业所提供的材料本身让世界更美好，而且钢铁的生产过程也可以让世界更美好，过去几年中，中国钢铁行业实施了人类历史上最大规模、最快速度、最高标准的钢铁绿色革命，也就是当前大规模实施的钢铁行业超低排放改造。目前钢铁行业超低排放改造力度非常大，大约有 6.5 亿产能在实施超低排放，钢铁生产全流程超低排放标准远严于目前全球最严标准，钢铁行业超低排放要求的有组织排放标准仅仅相当于欧洲标准的 1/10。目前全国有 26 家钢铁企业通过了全流程超低排放认证，第一个达到超级排放的钢铁企业是冶金工业规划研究院和首钢迁钢共同完成的迁钢。目前迁钢的排放指标是世界领先水平，不仅优于目前国内外先进钢铁企业的指标，而且优于超低排放要求的指标。指标有多严呢？比如吨钢颗粒物排放只有 0.17 公斤，二氧化硫排放只有 0.21 公斤，氮氧化物排放只有 0.4 公斤，而且很多钢铁企业已经与城市相融发展，成为国家旅游局颁布的 AAA 景区和 AAAA 景区，特别是河北邢台德龙钢铁获得国家旅游局颁布的 AAAA 景区。现在一部分企业已经做到和城市相融，今后会做得更好，让钢铁行业从产品到生产过程都能让世界更美好。简单形容一下钢铁企业的绿色形象，“用煤不见煤——全封闭，用矿不见矿——全封闭，炼钢不见钢——全封闭”，“远看是景点，近看是花园”。一定要创造最美好的环境，让职工热爱钢铁行业，也吸引更多的优秀青年从事钢铁行业。

4. 钢铁行业是中国最具全球竞争力的产业

中国钢铁行业是中国大产业中最具国际竞争力的产业。钢铁行业已经实现“5G”，即英文的五个“good”：好产品、好价格、好规模、好服务、好品牌。当然还要从1.0、2.0不断升级满足客户需求。

第一，中国钢铁拥有全球最大最活跃的内需市场，占全球钢铁消费50%以上。市场经济没有市场哪来经济？“中国钢铁”应该很幸运，超大规模的市场为中国钢铁发展创造了良好的市场条件。

第二，中国钢铁形成了最全最完整的产业链体系。这是非常难能可贵的，没有强大高效的产业链体系，很难有强大的钢铁产业。

第三，中国钢铁有最多最丰富的人才资源，如果一个行业没有人力资源是绝对没有前途的，除了人力资源之外，中国钢铁行业形成了一系列国家级和企业级的钢铁技术创新中心和实验室，促进钢铁行业不断技术进步。

第四，中国钢铁拥有最新最先进的技术装备。20世纪80年代，中国需要到国外参观学习先进的钢铁工艺装备，现在全球最新最先进的冶金技术装备几乎都在中国，这是中国钢铁竞争力的硬实力。

第五，中国钢铁形成了最快最及时的客户服务体系，从制造到服务，高效的服务体系才能更好地满足客户需求。

当然，钢铁行业最有国际竞争力，并不是简单的定性，我们从产品供给能力、产品研发与供给，包括实物品牌化、工业装备和劳动生产率等方面，和国际最先进水平相比，都是具备较强的国际竞争力。从2010年起单价高于2000美元的高端钢材产品出口量超过了进口量，目前2000美元以上产品出口是进口的1.5倍以上，说明中国钢铁产品不仅在中低端，而且高端产品在国际上同样有竞争力。中国产业发展在总体上要发挥比较优势，而钢铁行业应该有更好的发展。

5. 中国钢铁将长期引领世界钢铁工业发展

未来怎么样？现代钢铁工业200多年历史，英国引领了80多年，美国引领了80多年，中国钢铁从1996年开始连续25年世界总量第一。无论从全球的角度看，还是中国已经成为目前的世界钢铁消费中心来看，中国钢铁行业具备长期引领世界钢铁发展的优势。这样的预判对于产业政策、行业发展、钢铁企业发展、人才准备以及相关为钢铁行业服务的机构和产业都奠定了重要的基础。

（二）我国钢铁行业发展阶段

图 1 是 1949 年到 2020 年中国钢铁行业发展阶段，分为五个阶段：数量时期的增量阶段、数量时期的减量阶段、高质量时期的重组阶段、强环保阶段和未来高质量低碳发展阶段。目前处在三期叠加阶段，即减量发展、联合重组和强环保阶段，正在迈入高质量低碳发展阶段。从规划发展的历史脉搏指明企业行业未来发展的趋势，这是钢铁行业总体的特征分析，非常重要。

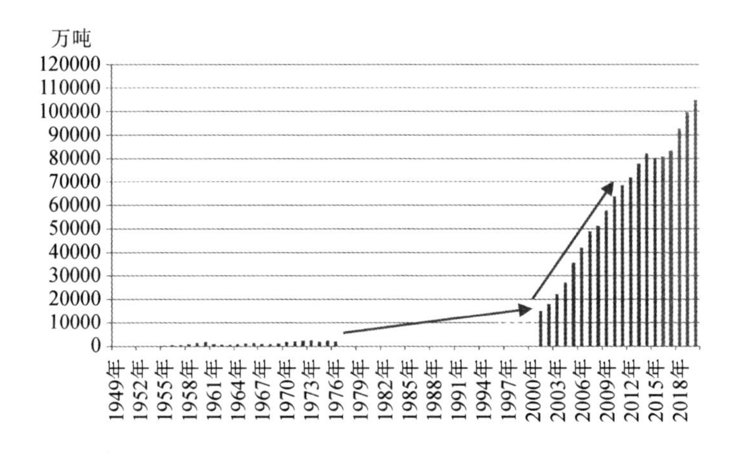

图 1

资料来源：冶金工业规划院

（三）我国钢铁行业运行及需求分析

2019 年全球经济低迷，受新冠肺炎疫情冲击，国内各种产业也受到严重影响。但中国钢铁行业仍然保持了较好的增长，2020 年中国钢产量达到 10.65 亿吨，同比增速 7%。这是非常不容易的。从全球来看，2020 年全球粗钢产量是下降的，产量为 18.64 亿吨。

中国钢材消费快速增长，我们也要冷静分析。2020 年中国钢材消费高达 9.95 亿吨，同比增长 10.9%。回顾分析我国钢铁消费的特征，我们认为 2020 年的钢材消费是非常规的，类似于 2009 年的钢材消费。当时为应对 2008 年金融危机，2009 年国家加大了投资刺激经济发展，拉动 2009 年一年钢材消费增加 1 亿吨，2020 年一年我国增加钢材消费 9000 万吨。对特殊年份钢材的快速增长要保持清醒认识，因为这种消费增长是不可持续的。过快增长会导致很多问题：一是导致减排目标的增大，使碳减排的目标难度加大；二是容易导致新一轮供应失衡；三是会带来投资过热；四是带来资源保障困难程度的加大，这是非常具有挑战性的。中国钢铁快速发展过程中，对钢铁产能发展的重视度远远超过保障原材料供应的矿山建设，造成国内铁矿短缺越来越严重，铁矿石的自给率目前只有15%，85%以上的铁矿石依靠进口。这是中国钢铁行业发展的一个严重不足。

我国钢材进出口贸易也有一些新的变化，2020年中国钢材的进口大幅增加，而出口却大幅下降。但2020年是一个特殊年份，因为2019年整个国内市场比较好。2020年又有不同，2020年进口出口同比增长，1－5月钢材进口增长11.6%，钢材出口增长27.3%，这里还要强调2020年中国钢材出口价格高于进口价格，说明出口结构发生了一些优化。但是要关注国家对进出口政策的变化，特别是从2020年5月1日起，国家取消了部分钢铁产品的出口退税，同时要取消对一些原材料进口税，说明国家不鼓励钢材出口。政策变化直接影响生产和消费以及进出口。钢铁行业还有一个大问题，就是铁矿价格一直处在高位。2019年我国铁矿石进口11.75亿吨，2020年1－5月铁矿石进口同样保持增加。目前来讲，铁矿石价格背离了它的价值，极度不合理，铁矿石进口到国内的成本大约在40美元左右，价格最高突破到230多美元，一吨铁矿石的毛利接近200美元，这是极端不合理的。

这里简单说明一下，目前铁矿石价格不是简单的供求关系决定的。虽然供求关系很重要，但造成中国铁矿石价格不合理的重要原因是结构问题。一是中国每年铁矿石消费量占全球的70%。二是国内铁矿石不能满足要求，85%靠进口，2019年进口铁矿石11.7亿吨。进口的11.7亿吨铁矿石都是从哪里来？其中85%来自于澳大利亚和巴西的四个矿山公司，而65%来自于澳大利亚。正是这种铁矿石供需结构问题造成铁矿石价格居高不下。因此，我们必须加大与其他国家长期稳定高效的铁矿石资源开发和进口，必须“大规模”进口，小规模解决不了问题。同时，也要加大国内铁矿石的开发力度。每吨铁矿石200美元价格下，国内矿石也是有效益的。同时还是要加大国内废钢体系建设，缓解对铁矿石的依赖。

当然由于市场较好，整个钢材价格处于高位，国内钢材企业效益也是不错的。但是，尽管2020年钢价高，1-4月钢铁企业平均销售利润率却只有5.7%，低于我国工业领域的销售利润率。因此，钢铁企业也必须有合理的价格，保证钢铁企业合理利润，以促进钢铁企业加大科研研发，加快技术改造、加强环保低碳发展以及提高职工待遇。因此，钢铁企业对应的钢材价格必须是一个合理价格。当然，我们反对价格大起大落。钢材价格大起大落不仅对钢材企业不利，对整个行业上下游都是不利的。通过 2020 年 5 月钢铁价格的大起大落来看，确实存在一些投机行为，这是不健康的，也不利于钢铁行业发展的，要加强资源保障，加强政策监管，防止过度的投机等。

从 2021 年国家定的发展目标来看，我国 2020 年经济增长 6% 以上，国外一些机构预测会增长 8.4%、8.5%，总体来看无论是基础设施建设、房地产开发还是装备制造业的发展，2021 年中国钢材的消费仍然在高位，这是非常重要的市场需求。因此，2020 年钢材价格很难处于过低的状况，再加上原材料价格的上涨，也支撑了钢材的价格。

从整个“十四五”未来发展来看，无论是基础设施建设还是工业制造，都会进一步提高，因此“十四五”期间，从 2021 年到 2025 年我国钢铁消费仍然处在高位。“十四五”以后中国钢铁消费和生产可能会缓慢下降，这是笔者的判断。还有一个数字供大家参考，从 1949 年到 2020 年中国累计生产了 144 亿吨钢，刚好我们是 14 亿人口，人均累计钢产量 10 吨，美国人均累计钢产量 29 吨，日本人均累计钢产量 48 吨，从这个数字来看中国钢铁还有发展空间。

“十四五”期间国家制定了新发展目标，强调以国内内循环为主促进国内国际双循环更好地发展，内循环是我们的核心，核心的重点是要促进绿色发展、绿色低碳消费，包括能源革命，因此，要靠创新来提高生产率。为什么强调这一点？强调高质量发展，社会高质量发展一定会带动钢铁高质量发展，同时钢铁高质量发展也会促进社会高质量发展，因此，今后钢铁工业的发展不仅仅是量的变化，更要强调高质量发展。

（四）在新格局下，钢铁行业的特征变化

一是形成新的高水平的供需平衡，也就是在碳达峰、碳中和约束下推动形成更高水平、更高质量的供需平衡。

二是钢铁技术进步，在今后发展中要继续推动新的技术进步，通过技术进步促进钢铁行业更好发展，其中关键是要激发全行业的创新活力。

三是努力打造新的产业格局，目前中国钢铁行业这么大的产量，为什么还能有钢价大起大落？很重要的因素是行业集中度过低，存在着无序发展，无序发展很重要的特点就是打价格战，因此在未来必须加大

钢铁行业的联合重组步伐，特别是按照分工协作有序竞争、共同发展的产业格局，提高产业内的协同能力和产业外相互协同能力。根据目前的设想，既要打造不同层次的优势企业集团，培育具有宝武这种全球影响力的企业集团，也要打造区域有影响力的钢铁企业集团，还要打造中信泰富这样的全球具有影响力的专业特色的龙头企业。打造国际影响力企业、区域影响力企业和专业影响力企业，让钢铁行业发展有序。

四是要努力构建安全高效的供应链体系。“十四五”规划强调，特别是要加快建立形成长期、稳定的、多元化、高效的资源保障体系，这对钢铁产业发展尤为重要。

五是根据未来发展构建繁荣的生态圈，构建面向全球国际产能合作、国际产业贸易，数字化智慧化服务平台，促进国内国际健康繁荣的生态圈发展。

二、双碳目标下钢铁行业机遇与挑战

（一）双碳目标及各国行动

碳达峰、碳中和已经是全球的广泛共识。无论是

《巴黎协定》，还是众多的其他相关国际协定，都对全球的生态发展提出了越来越严的要求，并逐渐成为越来越多国家的目标和承诺，中国也必须积极应对。

截至2020年底，有100多个国家提出了碳中和承诺，从目前来看占全球二氧化碳排放量65%以上和全球经济70%以上的国家都做出了雄心勃勃的碳中和承诺，这是全球的状况。

世界主要国家碳排放达峰情况看，目前全球已经有54个国家碳排放实现达峰，占全球碳排放总量的40%。1990年、2000年、2010年和2020年碳排放达峰国家的数量分别为18个、31个、50个、54个，这些国家大部分属于发达国家。

2020年排名前15位的碳排放国家中，包括美国、俄罗斯、日本、巴西等国已经实现了达峰。中国等国家承诺到2030年前达峰，届时全球将有58个国家实现碳达峰，占全球碳排放量的60%以上。这是目前全球各国的行动情况。

（二）世界主要国家碳排放达峰情况

美国2007年碳达峰，当时达峰的碳排放当量74.16亿吨，但人均高达24.46吨二氧化碳当量，是所有国家中最高的。欧盟是1990年达峰，当时排放总量是48.54亿吨二氧化碳当量，人均是10.28吨。日本是2013年碳达峰，排放当量14亿吨，人均11.17亿吨，这是几个有代表性的国家。

（三）中国双碳目标和行动

1. 中国“3060”目标

中国提出碳达峰、碳中和新的“3060”目标，即二氧化碳排放力争于2030年前达峰，努力争取到2060年前实现碳中和。这个决策对生产、消费、技术、经济、能源体系将产生一系列重大的历史性革命。当然我们要通过科技进步和产业变革来推动真正的绿色发展。

2. 从相对约束到绝对约束

2009年提出到2020年二氧化碳排放单位强度比2005年下降40%～45%，非化石能源占一次能源消费比重达到15%左右，当时提出的是相对指标、相对目标。

2015年提出2030目标时提出了绝对指标和相对目标。2015年提出了2030年左右二氧化碳排放达到峰值，并争取尽早达峰。2020年提出的目标是新目标，而且都是绝对指标，即二氧化碳力取到 2030 年前达峰，努力争取 2060 年前中和，这是两个绝对指标和绝对目标，这对我国未来经济社会发展的约束，从相对指标到绝对指标，因此各行业、各地区包括各个企业都要积极地响应这方面的要求。

3. 政策要求

从习近平总书记提出二氧化碳排放 2030、2060 目标之后，中央很多重要会议包括党的十五届五中全会、中央经济工作会议以及中央全面深化改革的第十八次会议、国务院关于绿色发展的指导意见，以及政府工作报告都提出明确的低碳发展目标要求。2021 年 3 月 15 日中央财经委员会第九次会议聚焦平台经济和碳达峰、碳中和。习近平总书记强调碳达峰、碳中和是广泛而深刻的经济社会系统性变革，要把碳达峰、碳中和纳入生态文明建设整体布局，拿出抓铁有痕的劲头，如期实现 2030 年碳达峰目标，而且在这次会议上明确了基本思路。习近平总书记强调要坚定不移贯彻新发展理念，坚持系统观念，要处理好发展和减排、整体和局部、短期和中长期的关系，基本思路这里不展开了。

同时提出重要举措，“十四五”期间是碳达峰关键期、窗口期，并要抓好一系列重要工作提出碳达峰、碳中和是场硬仗，这是中央的一系列的会议和要求。

2021 年 5 月 26 日，碳达峰、碳中和工作领导小组第一次全体会议，要求紧扣目标分解任务，加强顶层设计，指导和督促地方及重点领域行业制定行动方案，要尊重规律，坚持实事求是，一切从实际出发，科学把握工作节奏，这是加强顶层设计。同时要坚持问题导向，深入研究重大问题。特别是要狠抓工作落实，确保中央政策部署落地见效。

在中央领导的重视下，中央各部委都在积极行动。国家发改委已经在开始编制达峰行动方案，制定电力、钢铁、有色等达峰实施方案，进一步要明确碳达峰、碳中和的时间表、路线图、施工图。生态环境部也在制定一系列的碳交易和低碳发展的政策。工业和信息化部也建立钢铁等重要行业碳达峰路线图，逐步建立以碳排放、污染物排放、能耗总量为依据的约束机制，实施工业的低碳运行方案。科技部也制定了一系列措施。从中央到各部委以及各地方政府都提出了一系列的方案。

（四）钢铁行业的机遇

机遇一：低碳发展将促进构建钢铁行业更高水平

的动态平衡。国家会鼓励低碳产业、低碳企业、低碳产品更好发展，当然会限制高碳产业、高碳企业、高碳产品的发展，从政策制定到项目备案、差别化管理、产品发展，钢铁行业今后要在碳约束的前提下，实现钢铁供需更高水平的动态平衡。

机遇二：低碳发展将助推钢铁工艺流程结构不断优化，因为不同的技术路线碳排放存在很大差异。比如传统的高炉转炉流程是 1 吨钢大约排 2 吨二氧化碳，电炉流程生产工艺是 1 吨钢大约排 600 公斤二氧化碳，如果电炉 + 零碳电力流程二氧化碳排放更少。因此，低碳发展将推动低碳生产工艺不断改进。从近期来看要通过加大生产参数的变革，比如要加大球团矿比例，降低焦比、优化现有高炉原燃料结构，实现二氧化碳排放降低。从近中期看，要加大电炉钢比例。2020 年废钢产量达到 2.6 亿吨左右，2030 年预计会达到 4 亿吨左右，为发展电炉钢带来很好的原料保障。从中远期看，将促进氢基冶炼等革命性技术规模化和工业化。工艺流程改变会推动钢铁行业不断发展。

机遇三：低碳发展将推动钢铁行业一系列的技术革命，包括产品高端化。鼓励低碳产品，也就是推动高强度、高韧性、耐腐蚀耐磨、耐疲劳和长寿命的钢材产品充分发展与广泛应用，以减少全社会的用钢量。装备高端化，通过设备大型化提高效率，大幅节约能源和资源。技术高端化，包括生产工艺围绕着低碳洁净钢冶炼、高效轧制技术、智能化管理技术，通过技术促进整个行业发展。

机遇四：低碳发展将进一步加快钢铁行业数字化、智能化发展。一是创新能源管理模式，通过数字化的引导，有序构建更高效、更清洁、更经济的能源体系；二是通过数字化建立钢铁生产碳排放的数字化平台，助力钢铁行业低碳发展。

机遇五：低碳发展将加快多元产业协同发展，产业间的循环利用发展会推动钢铁与建材、发电、化工等多产业协同，这方面降碳的潜力也非常大。钢铁制造流程具有三大功能，即产品制造功能、能源转换功能、大宗废弃物消纳处理功能。应充分发挥钢铁行业这三大功能，促进全社会资源和能源高效循环利用，降低全社会的二氧化碳排放。

机遇六：低碳会推动环保产业和低碳行业协同发展，低碳与环保协同治理，要构建减污降碳协同发展，既要环保还要低碳，需要强化源头减排、严格过程控制、优化末端治理这种科学方法论，这方面也会带来很多的机遇。

机遇七：低碳发展将深化产品全生命周期理念，改变我们对产品全生命周期的认识，要进一步开展产品全生命周期碳评价来促进低碳发展。这一点无论是国内还是国外都在积极推进，特别是在碳约束下，下游产品全生命周期碳评价的要求，将倒逼钢铁行业加快低碳转型。

机遇八：低碳发展将助推钢铁行业低碳标准进一步升级。国标委 2021 年工作重点中就提出要研究起草碳达峰的标准化行动，健全支撑碳达峰目标的标准体系，加快制定碳排放管理标准体系等，包括一批企业温室气体排放核算方法和国家标准。工信部颁布了 2021 年标准工作，要求做好工业低碳和绿色制造等标准制定，要开展等有关行业低碳与碳排放、节能与能效提升、节水提效等标准研制。低碳发展也会促进一些低碳标准加快实施等。

（五）钢铁低碳发展的挑战

挑战一：低碳转型时间紧、任务重，必须在较短时间内实现达峰和降碳工作。针对我国钢铁行业特点，一是能源资源禀赋就是高碳的特点。目前以高碳化的煤焦投入接近90%。二是钢铁产量巨大，2020年钢产量10.65亿吨，我国钢产量占全球比例高达57%。三是钢铁企业数量多，有400多家企业，而且每家企业生产结构和管理水平参差不齐，增加了降碳难度。四是钢铁行业的碳排放机理相对比较复杂，涉及能源燃烧排放、生产过程排放、电力和热力消耗对应的各种排放机理。这些特点决定了钢铁行业在完成碳达峰和降碳的巨大挑战。

钢铁行业作为国际关注重点，也是国内碳达峰、碳中和重点，钢铁行业在目前满足国民经济发展各种要素的情况下，相对来说是有条件可以率先达峰的行业。尽管这样，钢铁行业从达峰到深度脱碳到碳中和，最多也就35年的时间，挑战还是巨大的，因此低碳转型的时间紧、任务重。

挑战二：根据目前发展来看，钢铁行业低碳技术、人才等基础能力太薄弱。根据企业发展状况，分了四个阶段，即基础阶段、初级阶段、中级阶段和高级阶段，再细分为八个水平，从初级培训，配合碳数据核查，自主碳数据核算、摸清家底，初步开展低碳发展实践，有效地实施碳排放管理，制定低碳发展路线图和开展碳资源管理，与企业生产经营系统融合，到最后实现碳排放与经济发展脱钩。因此，从目前钢铁企业整体所处阶段来看，面临的矛盾非常大：碳减排目标和技术创新能力相比严重不足；政策发展的要求和一系列配套政策仍然很不完善；原材料行业高质量低成本发展战略，和面临的节能降碳边际成本的日益提高形成一种大的矛盾；国内外对生态文明的建设要求和人才能力建设严重不足，矛盾也是很大的。

挑战三：不同企业发展水平参差不齐，减碳成本也有差距。目前对企业绿色发展水平不同，降碳的空间也不同，存在减排成本也不同。低碳发展水平越好的企业，本身降碳空间小，完成降碳目标成本也最高。不同企业都会面临不同挑战，这是企业不同发展水平带来的不同挑战。

挑战四：工艺流程优化面临很大挑战。电炉流程相对来讲碳排放相对较小，长流程碳排放量大，但目前中国电炉钢比例仅占 10%，90% 是高炉转炉流程，因此我国钢铁流程结构差异面临比较大的挑战，主要是目前电炉钢发展由于废钢资源、电价等各方面因素，电炉钢整体竞争力比较弱造成的。

挑战五：绿色产品设计不足，这是很大的挑战。低碳发展对钢铁来讲，很重要的是以绿色产品作为载体，目前这方面的差距太大了，这是我们的挑战。

三、钢铁行业低碳发展实践与探索

（一）国际主要产钢国积极响应

全球主要产钢大国中，中国提出2060年前碳中和，印度目前没有提碳中和目标，日本提出2050年碳中和，俄罗斯也没有提，美国是2050年碳中和，韩国也提出2050年碳中和，巴西提出2060年碳中和。

从全球钢铁来看，2019年国际能源署发布了钢铁低碳技术路线图，短期最关键的还是传统工艺流程改进，特别是提高效率。从中长期来看，还是靠碳捕集CCUS的运用包括技术革命发挥巨大的作用，这是国际能源署对整个钢铁行业的描述。

欧盟对钢铁低碳技术路线图，主要通过“废钢+氢能+CCUS”。可见，强调电炉钢比例很重要，欧盟2050年废钢比要达到60%。

美国钢铁低碳发展也是通过“废钢+CCUS”，特别是到2050年美国的电炉钢比例从现在的70%提高到90%以上，这是美国的思路。

印度提出“废钢 + CCUS + 氢能”钢铁低碳发展思路。

国际一些主要钢铁公司的低碳发展方面，全球产钢第二大的安米在 2020 年公布了实现碳中和的路线图，实现碳中和目标依赖两种突破性的技术，智能碳路线 + 直接还原铁的路线图。

瑞典钢铁行业目前全球第一个实现“无化石燃料钢铁制造”价值链，提出到 2045 年完全按照无化石能源路线，主要是直接还原铁、制氢单元、无化石燃料球团、储氢实现低碳发展。

韩国 POSCO 钢铁提出通过智能化、部分氢还原、废钢利用、CCUS、氢基冶炼实现低碳发展。

日本铁钢联盟 COURSE50 是通过焦炉煤气氢分离技术还原铁矿石和高炉煤气胺净化技术吸附分离捕集高炉二氧化碳，来实现低碳发展。

印度 TATA 钢铁提出到未来 10 年内将碳排放降低到 30% ~40%，也是通过直接利用煤粉和粉矿的熔融还原技术加 CCUS 技术来实现低碳发展。

（二）国内钢铁企业低碳发展情况

宝武钢提出在 2023 年实现碳达峰，2035 年实现减碳30%，2050年实现碳中和，并提出六种措施。

河钢集团提出2022年实现碳达峰，2025年实现碳排放量较峰值降10%，2030年实现降低30%以上，2050年实现碳中和，也提出六个方面的措施。

包钢提出2023年力争实现碳达峰，2030年具备减碳30%的工艺技术能力，2042年力争碳减排较峰值降低50%，到2050年实现碳中和，提出四项措施。

鞍钢集团也提出了目标，2025年前实现碳达峰，2035年碳排放较峰值下降30%，成为首批碳中和的大型钢铁企业。

总体来讲，通过国内、国际分析带给我们的启示，钢铁行业低碳转型势在必行，碳竞争是未来的核心竞争力，落实双碳目标要打好组合拳，低碳转型要走自己的创新路。从国家角度和企业角度来讲，低碳转型每个企业要做好自己，这是获得的启示。

四、我国钢铁行业实现碳达峰、碳中和路径思考

钢铁行业碳达峰、碳中和目前的研究分四个阶段，从国家要求是深化重点领域的低碳行动，争取钢铁行

业到2025年前达峰。国家是2030年前达峰，钢铁行业就要在第二阶段稳步下降。第三个阶段国家提出2035年稳中有降，钢铁行业要有较大幅度下降。国家提出2060年前碳中和，钢铁行业就要在这个阶段深度脱碳，这是国家低碳发展方案的阶段任务和钢铁行业的阶段任务。冶金规划院出台了《钢铁行业碳达峰及降碳行动方案》，并提出了总体要求、主要措施和保障措施以及重点任务。从四个方面、八个领域提出了降碳目标，这是在以前研究的基础上提出的钢铁行业低碳发展方案。具体怎么做，大致包括六个方面。

（一）钢铁行业低碳发展方案的六大要点

第一，推动绿色布局，促进钢铁行业绿色发展。钢铁行业绿色布局非常重要，钢铁行业是一个大进大出行业，绿色布局低碳发展尤为重要。通过布局减少不必要的物流运输，从而降低碳排放。因此，优化产业布局对钢铁行业低碳发展非常重要，我们要高水平动态供需平衡，也需要优化布局。同时，加大绿色物流体系和推广产品全生命周期绿色产品。

第二，节能及提升能效，加快钢铁行业的低碳发展，首先要推广先进实用的节能低碳技术，千方百计提高钢铁企业的余能余热自发电率，其次要通过数字化、智能化全面提升节能和能效水平，如果钢铁企业焦化各工序配套齐全，钢铁企业的余热余能发电可以基本满足钢铁企业自身的用电。目前钢铁行业自发率为53%，通过提出的这些方向的努力，可以把钢铁企业的自发电率提高到60%以上，这就会对低碳发展起到非常重要的作用，目前钢铁企业自发电量高于三峡发电量，还有很大的潜力。

第三，优化用能及流程结构。一是能源结构优化，鼓励钢铁企业尽可能地利用自身条件，比如工厂屋顶太阳能发电和周边具备的风能发电，提高清洁能源比例。二是原燃料结构优化，鼓励高炉利用球团，大幅度降低碳排放，更要鼓励废钢资源回收利用。三是促进电炉钢工艺发展，大幅度降低碳排放。四是产品结构优化，更多地发展低碳产品，促进全社会降低碳排放。

第四，构建更加高效的循环经济产业链。如钢铁企业和区域发展整合，钢铁企业和化工建材协同发展，促进相关产业和地区降碳，这个降碳潜力非常大。

第五，突破性低碳技术，氢还原技术、氧气高炉和非高炉冶炼，特别是碳捕集、利用和封存技术

CCUS，这是降碳最重要的措施。

第六，强化制度建设和政策体系建设，包括建立减碳目标，通过碳市场促进发展、标准体系建设、绿色金融等，低碳能力建设，这是整体涉及的钢铁碳达峰的领域和途径。

当然，以上六个方面涉及的技术有上百项，还有未来开发的新的技术来促进行业低碳。如何推动绿色布局等，重要产业政策支持。钢铁应该布局在沿江沿海具有优势的地区，可以使用绿色物流。因为目前我国需要大量进口铁矿石等原材料，我国的钢铁消费也主要在沿海地区。在更高水平的动态平衡方面，对今后企业发展的调整布局也都会对低碳产生重大影响，包括对产品全生命周期的评价，大量开发氢还原技术。在节能和能效提升方面还有大量的先进适用的节能低碳技术还没有广泛应用，特别是前面提到的钢铁企业自发电率，随着数字化和智能化能够进一步提升节能和能效水平。在优化用能和结构方面，潜力仍然很大，如何提高球团矿生产比例，对我们降碳潜力也很大，包括鼓励电炉发展，比如某些钢铁企业的电炉钢冶炼时间能够控制在 30 分钟，这是世界最先进水平。今后，中国电炉钢达到这样的效率水平，就能够促进电炉工艺更好发展。在鼓励短流程方面，国家要出台更积极的政策，促进电炉工艺发展。同时，要积极发展非化石能源，提高绿电比例等。在构建绿色循环经济包括区域整合、资源整合方面，钢铁、化工建材也有很多积极实践，未来还有更广阔的降低碳排放的空间。

在突破性技术方面，已有深度脱碳的氢还原、电解还原、氧气高炉及非高炉冶炼，还有 CCS/CCUS。我认为在未来发展阶段，氢还原、氧气高炉包括非高炉冶炼、CCS/CCUS 是重点，这些技术在国内外都有大量的积极探索和实践，一定会推动整个钢铁行业进一步全面深度脱碳。碳捕集不仅钢铁行业需要，煤电、化工、建材、有色金属行业都需要。因此，各行业之间的相互学习，会进一步促进低碳发展。

在制度建设方面，冶金规划院提出了“C + 4E”的理念，“C”是提高碳生产效率，同时要通过能源节约、提高经济效益、环保和构建形成完整的钢铁产业生态链。今后要强化低碳发展理念，比如 2020 年中国 GDP 总量是 100 万亿元，我们大约排 100 亿吨二氧化碳，我们能否在 100 亿吨碳排放和降低碳排放的前提下，达到 200 万亿元、300 万亿元 GDP 总量，在降碳情况下不断提高碳生产效率，这是我们要面临的挑战。

冶金规划院提出了以提高碳生产效率为核心，兼顾节能、经济、环保和产业链，对于如何实现“3060”目标，必须强化低碳统领发展，要以低碳重塑钢铁工业发展新格局；同时，要加强国际合作，强化低碳标准引领发展。

在制度建设方面，提出了“一个目标”和“八个支撑”体系，即C+4E目标，技术支撑体系、碳交易支撑体系、低碳经济支撑体系、数字化支撑体系、标准支撑体系、竞争力支撑体系、能力建设支撑体系和绿色金融支撑体系。制度设计就要围绕提高碳生产效率为核心，支撑行业、企业、社会共同发展。

（二）钢铁行业低碳发展的具体实践

在绿色布局方面，比如淘汰落后产能，取缔“地条钢”，推动清洁方式运输，开展绿色产品评价。

在节能与能效提升方面，钢铁行业长期开展了先进节能低碳技术推广，钢铁行业的节能减排技术进步比较快，包括一系列的先进技术，促进了钢铁行业的能效大幅提升，碳减排的下降，更主要是通过智能管控体系来提高能效，通过实施能源管控不断升级，能源管控配套设备达到80%，下一步不断提高管控水平，进一步优化管控体系，系统的而不是简单靠一个环节、技术、管理、工艺，要系统节能和提高能效。

在工艺流程方面，随着废钢政策不断优化，这几年废钢增加较多，长流程向电炉流程转变，除了大的工艺结构流程转变，生产结构流程的连续化、紧凑化、减量化，包括智能物流等一系列的优化，包括大型设备改造都在不断地降低能耗，减碳，已经有很多这样的实践。

在构建循环经济产业链方面，钢铁企业已经做了很多探索，如冶金规划院为鞍钢做的循环经济发展规划获得了国家工程咨询一等奖，首钢京唐以转炉煤气为原料生产燃料乙醇，达钢焦炉煤气制甲醇，山西立恒以转炉煤气为原料生产乙二醇等。

在夯实基础能力方面，2013 年国家发布了钢铁企业温室气体排放核算方法与报告指南，2015 年发布温室气体排放核准与报告要求，2016 年钢铁纳入全国碳交易市场第一阶段八个重点行业之一，2020 年国家统一碳市场，钢铁行业会陆续纳入。目前已经明确了碳排放核算方法学，并在此基础上升为国家标准。

摸清家底方面，组织企业开展企业碳排放监测、报告、核查工作，全国约 1/7 粗钢企业已经纳入碳市场试点交易，为国家统一碳市场奠定基础，为碳交易打下一定基础。

在数字化支撑体系方面，强化生产控制，提高劳动生产率，智慧能源系统和碳排放智能管控平台已经有了一定的基础，为下一步发展提供支撑体系。

标准化支撑体系方面，国标委发布2021年全国标准化工作重点，研究起草“碳达峰标准化行动计划”，健全支撑碳达峰标准体系，加快修订碳排放管控标准体系。

如何做好顶层设计，着力解决发展不平衡、不充分问题，应该拓宽存量潜力，加快创新技术工业化实践；同时，夯实政策及技术支撑体系，完善标准体系，提升技术创新研发水平，不断降低减排成本。

五、冶金规划院促进钢铁行业低碳发展实践

冶金规划院是最早从事冶金行业低碳研究的权威机构，自2000年就持续针对钢铁行业低碳发展“热焦难”问题开展专项研究，全程参与了近年来钢铁行业的一系列重大低碳领域政策、标准制定及前沿技术跟

踪工作。2005 年率先开展针对全国 200 万吨以上钢铁企业的碳核算工作，率先在钢铁行业碳核算方法学、碳配额分配技术方案、减排路线图、减排成本分析等方面建立了完善的研究体系。

在推动标准及规范发展方面，目前全面完成了现有的钢铁焦化生产企业碳核算方法学研究工作，并将研究成果上升为标准；同时，也率先在工业领域编写“钢铁企业碳平衡计算方法”“钢铁企业碳箭牌成本计算方法”等方法学标准。

在推动低碳技术应用方面，开展了中国钢铁行业节能减排技术筛选、中国应对气候变化技术需求评估项目、国际背景下我国钢铁行业减排核查关键技术研究示范等一系列专项研究工作，梳理形成冶金行业低碳技术清单，率先全面开展低碳技术减排成本的测算工作。

在国家行业层面，冶金规划院还承担了两大重要的工作。工业部准备成立原材料行业低碳联盟，联盟秘书处就设在冶金规划院。目前我们正在全方面征集原材料行业二十大低碳技术，推进颠覆性创新低碳技术的研发。宝武集团建立了全球低碳冶金联盟，秘书处也放在冶金规划院。同时，冶金规划院和相关单位共同申请建立了“碳排放管理员”体系，促进低碳更好地发展。

在地方层面，冶金规划院为很多地方政府做了大量的碳减排专项规划，包括为唐山、邯郸、武安、日照等开展低碳规划工作。

在企业层面，冶金规划院为钢铁企业完成了上百项“十四五”低碳规划专篇和低碳发展战略专项规划，为中国宝武、首钢股份、鞍钢、沙钢等40余家企业做了专项碳达峰发展规划，而且还开展了一系列的低碳培训工作。目前针对钢铁行业的碳排放全过程管控评估体系建设，已经建立了智能化、数字化的管控平台，不仅指导碳排放量总量、排放环节、碳减排成本核算等，目前为100多家钢铁企业开展了碳达峰行动方案。

碳达峰、碳中和是非常复杂的系统性工程，不是简单的节能环保问题，它是发展方式的问题，因此需要专业支撑。冶金规划院已经形成了非常有效的工具，科学谋划低碳发展路径，帮助企业落实碳达峰、碳中和工作，促进钢铁行业更好地发展。

4

韩文科

如何铺设中国城市碳达峰、碳中和之路

【专家介绍】

韩文科：国家发展和改革委员会能源研究所高级顾问、中国宏观经济研究院研究员；曾于 2006 年至 2016 年担任能源研究所所长。

自 1982 年以来，长期从事能源政策研究，主要研究领域为：国家能源发展战略和规划、区域能源发展战略和规划、国家能源安全、可持续能源政策、能源市场化改革、化石能源补贴改革、全球能源治理等。先后参加了多个国家能源战略、五年规划和专业规划的研究和咨询工作。研究成果获多项省部级奖励。

此外，目前还担任国家能源专家咨询委员会专家，全国工商联新能源商会首席科学家，西北工业大学教授、博士生导师，浙江大学、西安交通大学兼职教授，海南省绿色金融研究院首席研究员、中国能源研究会能源品牌研究和传播中心主任。

一、我国实现碳达峰、碳中和的主要路径

碳达峰、碳中和，是中国对世界的一个承诺。2060 年实现碳中和，这是一个具有里程碑式的总承诺。其他承诺围绕国家的自主贡献，比如降低碳强度等。非化石能源占比提高到 25%，过去承诺是 20%，这次强化了力度。森林蓄积量，风能、太阳能的装机，这些是实现碳达峰、碳中和的一些具体措施。

2021 年 11 月在英国格拉斯哥召开了第 26 届联合国气候变化大会（COP26）。在 COP26 峰会上，各个国家，特别是主要的温室气体排放国家也做出进一步的承诺。中国也在 COP26 上，针对碳达峰、碳中和两个大的承诺以及一些国际社会所关注的重点领域，进一步完善和强化我们国家的自主贡献承诺。我们可以理解，碳达峰、碳中和是个大的承诺，在这个承诺下，要怎么样一步一步地去实现，今后我们对国际社会还要做出更多具体的承诺，当然这些承诺也是我们今后奋斗的目标。

（一）党的十八大以来中国大力推进绿色发展和能源转型，为“碳达峰”“碳中和”承诺和目标实现打下了坚实基础

党的十八大以来，我国大力推进绿色发展和推动能源转型，通过大力推动绿色发展，大力推动能源生产和消费革命，推动我国能源向着绿色低碳方向转型，并且取得了前所未有的成就和进展。这些，为“碳达峰”“碳中和”承诺打下坚实的基础。

党的十八大以来，国家出台了适应经济新常态大力推进供给侧结构性改革的宏观政策。如煤炭和钢铁去产能，财政部用1000多亿元的奖补资金，去掉了将近10亿吨的煤炭产能，去掉了接近2亿吨的钢铁产能。这样，“十三五”之后，煤炭、钢铁产业发展就迈上一个新台阶。去产能的目的就是去掉落后的、高排放、高污染的产能，同时释放新的、相对先进的产能。供给侧结构性改革强调“三去一补一降”，在能源领域要求降低实体经济的用能成本，推动能源领域转型和改革。成本不断降低，使能源系统能够更好地适应国民经济和社会的加速发展。比如，《政府工作报告》连续几年提出降低工商业用电电价，降电价给

工商业减负每年1000亿元左右。加上这几年推动“放管服”，减少各种审批等政策障碍，降低了实体经济的用能成本，降低了能源系统的非技术成本，使能源系统的效率得到了较大提升。这些都是经济转型和能源转型推动的结果。

“新旧动能的转换”，即宏观经济政策提出来的“补短板”。能源领域，最大的短板就是清洁能源的发展依然动力不足，总量不是很大，不能更大规模地替代化石能源。这几年，国家能源发展与过去、与其他国家相比已经非常快了，但是消纳不畅、机制不顺、活力不足等短板依然存在。治理雾霾和环境污染、推动生态文明建设的宏观政策，如生态重建、生态修复，如长江经济带战略。长江经济带沿线过去规划了好多燃煤发电，包括核电的项目，还有一些支流水电项目，有些杂乱无章，对长江的生态环境造成了比较大的影响。这几年都逐步纠正了，搬迁了大量重污染和不符合保护长江沿线生态环境的工厂，好多越过生态红线的能源建设未推进。比如晋陕蒙地区煤炭的生产，很多煤炭企业都在追求大力修复生态，要成为生态模范企业。

还有减排温室气体措施。在“十二五”“十三五”

期间，国家也制订了应对气候变化、减排温室气体相关的政策和规划，各个省也有相应的政策和行动，也在推进，只是力度没有现在这么大。现在把重点地区、重点行业减排的路线图做通，比如，怎样控制二氧化碳排放，难点和疼点在哪里，采取了许多政策措施，已经打下了一定的基础。

能源生产和消费革命。国家制定了 2016—2030 年能源生产和消费革命的战略，这个战略是管 15 年的。最主要的目标，战略取向就是绿色低碳。比如非化石能源占比，在战略里明确提出到 2030 年占 20%，国家又把它提高到了 25%。

清洁能源优先，即今后新增能源需求主要依靠清洁能源。这一条，现在国家也在强化，就是除了新增的能源需求要依靠清洁能源来满足以外，“十四五”以及今后，存量的也要逐步用清洁能源替代。

煤炭资源地区的资源经济转型和能源转型。改革开放以来，我国形成了一个以东南沿海地区开放型城市为驱动的发展格局，GDP 占比较大的是广东、江苏、浙江、山东这些沿海地区。这些地区的经济发展很快。从能源供应来说，改革开放以来，形成了西部和北部几十个生产 1 亿吨以上的煤炭基地，还有煤电外供基地大型的煤化工基地，形成了西电东送、北煤南运、西气东输的能源供应格局。这样的格局是集中式发展的结果，也是把西部、北部丰富的能源资源转变成经济优势的结果。

但这种发展格局，在新世纪以来也遇到了很多的问题。一是西部地区的生态环境受到了很大的制约；二是西部地区这些资源经济大部分都是高碳、高排放的，对西部地区的经济发展和产业发展产生了路径锁定效应；三是这样大范围、长距离地、集中式地输送能源，也有消耗问题，比如现在很多特高压也都不能够满足供电，因为它主要送的是煤电。现在东南地区，大家缺电的时候很喜欢煤电，电多了以后还是说我要用更便宜、更清洁的电力；四是依赖煤炭资源的地区严重依赖资源，形成“资源诅咒式”的经济发展模式，非煤产业发展不快，而国家倡导的高新技术产业、面向未来的产业也发展不起来。所以，要大力推动这些地区煤炭资源经济的转型。

习近平总书记两次视察山西，山西省也提出“要做排头兵，不做煤老大”，“排头兵”就是做能源革命的排头兵。山西的经济社会发展严重依赖煤炭，这是不可持续的发展方式。中央深改委 2019 年也提出，要把山西作为能源革命综合改革试点，其中要构建清洁低碳的用能模式。山西本身消费的煤炭也要不断降低，产业要多元化，发展国家确定的各种新兴产业。陕西、内蒙古等地区也面临着同样的煤炭资源经济转型问题。

在上述政策措施的推动下，我国工业、交通、建筑等实体经济行业，也发生了巨大变化。比如，2012—2017年煤炭在工业部门的能源消费中的占比下降了10个百分点，从57%降到了47%。增加的是天然气和电力。建筑也是这种趋势。2012—2017年建筑用电比重也是上升，其中煤炭的比重下降，天然气的比重提高。交通也是这样，使用的燃油比重下降，天然气和电力的比重也是上升的。燃油汽车在增长，但整个交通行业用煤的比例，能源结构也是向轻型化转化的。大力推动能源革命和能源转型等，促使电气化率形成了稳定上升的趋势。按照这个趋势，到2050年我国电气化率有可能达到90%以上，有些领域甚至就100%了，这在全球都是非常了不起的，实际也是实体经济脱碳的一个路径。

过去制造业都是布局在电力和煤炭资源比较丰富、生产比较富足的地区，像钢铁、有色金属都布置在煤炭资源比较多的地区，依赖煤炭、依赖高碳这些能源的支撑。党的十八大以来，这种情况在不断变化，国家在不断向制造业基地输送更多的清洁电力，像南方电网通过大量输送云南电力到广东、广西这些临近的省区，使这些区域的工业用到了更多的清洁电力。南网的电力52%是清洁电力，燃煤发电占40%。国网区域的燃煤发电比较多，这个比例还会变化的。云南的电力90%以上都是清洁电力，因为水电多，所以它输送得越多，制造业基地用的清洁电力就越多。

如青海因为有黄河上游的水电，成为全国的清洁能源基地，它的电力也往西部、中部一些临近地区输送，趋势就是向制造业输送更多的清洁电力。布局在“十二五”中期，“十三五”开始加速，而且输送量越来越大。经济进入新常态以来，在中央供给侧结构性改革的推动下，制造业加快向清洁能源基地转移，如在宁夏、山东、山西、河南这些区域搬迁到更清洁的区域，如云南等，现在还有一部分迁到青海。

党的十八大以来，中央的绿色发展和能源转型，包括能源革命政策，为承诺碳达峰、碳中和打下了坚实的基础。

（二）我国碳达峰、碳中和的主要实现路径

“十四五”规划是中国一个比较有转折性的规划，这是由于“十四五”规划主要是以2035年的远景目标为导向的。以往的规划都是在过去发展的基础上，在新的五年再增加一些新的内容和亮点。“十四五”规划在指导思想上有较大变化。“十四五”规划，提出，到2035年，在碳排放达峰后要做到稳中有降。这个愿景目标，就考虑了2030年以前达峰，达峰以后就要往下降，到2035年形成稳中有降的态势。

“十四五”规划提出，要谋划和发展未来的产业，引领催生低碳和零碳经济。为什么？因为应对气候变化和科学技术突飞猛进，发展低碳、无碳化的产业成为未来一种必然趋势。所以，这几年来，人工智能、量子信息科学这些先进的未来产业，各个国家都在加快部署。“十四五”规划提出，要重点发展类脑智能、量子信息、储能、氢能这些面向未来的重点新兴产业。

为什么要发展这些产业呢？这些产业是顺应、引领未来的。如量子信息。量子信息科学也包含量子计算机。中国是个超级计算机大国，有很多超级计算机系统，天气预报、大规模工业应用很多要靠这个超算。

有了超算，又有很多数据中心。但数据中心是大量耗电的，没有电数据就转动不起来，而今后数据的信息量会越来越大。要处理这么多的信息，它的耗能量就很大。如果过渡到量子计算机，按照现在已有的科技成果，可以展望，其能够瞬间完成超算系统需要很长时间才能完成的工作，就能节省大量电力。

碳达峰、碳中和的另一个关键点就是能源。未来产业用能大大减少，比如机器人取代生产线，机器人比较精准地对接生产需求。过去一条汽车生产线只能生产一个型号的汽车，现在一条生产线可以生产四个或者更多不同牌子的汽车。但我们还是要用能，就要实现能源转型，在大大减少使用能的基础上，实现零排放，也就是能源转型。能源革命就是要把中国能源发展驱动到低碳化的战略体系里，使它永不回头，而且要达到最终的零碳和无碳。

能源产业怎么转型呢？以电力为例，就是转到以太阳能、风能和其他新能源、非化石能源为主体电源的电力系统，也就是构建以新能源为主体的电力系统。以风能、太阳能为主体的电力系统基本上可以实现电力系统的脱碳，发电不用排碳。煤炭、天然气这些产业不断转型，碳排放越来越少，最后还得退出去。比如煤炭，世界上主要的发达国家到 2030 年以后陆续实现去煤，既不生产也不消费煤炭。像中国、印度发展中的大国，2050 年左右还得用一些煤炭，但不可能用得太多。石油、天然气也是一样的道理，也是要逐步退出的。

天然气资源很丰富，而且相比较也很便宜，加上用一些脱碳的技术，可以代替煤炭。但天然气毕竟也是排碳的，所以它的使用也必须进行技术的升级和转型。在碳中和过程中，高碳能源不断转型，还需要智慧系统、数字经济、智能系统的推动和支撑，要建设智慧能源系统，让它和集中式、分布式这些系统很好地结合。总之，能源转型是实现碳中和的第二个大的路径。

“十四五”规划提出，要开创发展的新格局。开创新格局，包括科技创新。面向未来的产业创新、面向未来能源转型等，都需要开创新的发展格局。“十四五”期间，能源的发展也是重在开创新格局，能源要在碳达峰、碳中和目标的驱动下，在大力推动能源结构转型的背景下，开创新的发展格局。

“十四五”规划提出，国家建设的重点不再是拓展过去已有的煤炭、煤电、煤化基地。过去建在西部、北部，如晋陕蒙地区的大型煤炭、煤电、煤化工基地，今后不再扩展规模了，这些基地需要建设成一个综合的能源基地，并逐渐变成更加清洁的能源基地。

“十四五”期间要建设更多新型的清洁能源基地，比如雅鲁藏布江下游的水电基地，金沙江上下游的清洁能源基地，广东、福建、山东、江苏这些地区的沿海风电基地，沿海的第三代核电，包括小型堆、海上浮动式的核电站。同时，要建设输送清洁电力的通道，建设储能，特别是大型抽水蓄能为主的电力调节系统。比如青海省在已有的水电基地上建设“储能工厂”，把水电的调节作用再升一级。

“十四五”开局这一年来，提出要开创能源发展的新格局，集中式和分布式并重发展，就是一种新的格局。现在大力发展更多的分布式，就是开创新格局。很多省都在推动整县屋顶分布式光伏开发试点。当然，这也不能一哄而上，要做扎实的工作。

“十四五”期间，国家提出要建设大型海上风电基地。已经有 10MW 的海上风机单机下线了，这就是巨大的技术进步。另外，从国际趋势看，国际上已经提出来，到 2030 年要建造单机 15～20MW 的海上风机，那就比我们现在的 10MW 又要大一倍多，整个风机有 250 米高，加上塔筒 325 米高，这样大型的海上风电，它的发电小时数预估超过 4 000 小时，那就和燃煤发电差不多了。这是预计到 2030 年，10 年以后就可以实现。

未来，我们国家还要构建以新能源为主体的新型电力系统。这种新型电力系统也是我们碳中和的一场硬仗，我们要实现碳中和，根据现在各种各样的预测，至少要装 60 亿千瓦的太阳能和风能，能不能装起来?答案是肯定的。根据风电设备制造能力、太阳能光伏制造能力，每年风电最多可以装 1 亿千瓦，太阳能也可以装 8000 万至 1 亿千瓦，持续 30 年。

很多国家要实现碳中和，离不了太阳能，便宜的太阳能谁给制造？就是中国制造。从这一点上来看，太阳能行业对全球做出的贡献是巨大的。没有中国技术先进的太阳能光伏产业，许多国家做碳中和的承诺就得三思。因为成本太高，不好实现。

二、实现碳达峰、碳中和的重点任务

“碳达峰”是目前最主要的任务。“碳中和”是一个相对长的过程，要到 2060 年才能实现，或者 2060

年以前。目前，中国 80% 的碳排放来源于能源，其中 80% 的碳排放又来源于煤炭，石油消费占 14%，天然气消费占 4%。所以，中国产业是偏重煤炭的。党的十八大以来，产业用煤下降了 10 个百分点，但还是依赖煤电。所以，“碳达峰”最关键的就是控制煤炭的消费。国家明确了“十四五”期间要严控煤电项目，严控煤炭消费增长，“十五五”要逐步减少煤炭消费。根据这个严控的方针，就能够基本判断出中国在“十四五”末、“十五五”初就可以实现碳达峰，不会拖到 2030 年。

把煤电在“十四五”控制住了，特别是煤电消费增长控制住了，增长到“十四五”末，基本不能再增长了，因为国家要求“十五五”期间煤炭消费要逐步减少的。“十四五”要进一步减煤，减煤是个大的发展格局。北京、河北、山东从 2012 年到 2017 年减少了不少，北京减少了 2500 多万吨煤炭，河北减少将近 5000 万吨煤炭，在“十四五”期间还要减，北京还剩 100 万吨煤炭，也得减。

有些城市没有抓住这个核心，煤炭消费怎么减少，路径没搞出来。所以，煤控制不住，把一些力气用在别的地方了，达峰就实现不了。

要把力气用在哪儿呢？根据已有的研究和节能减排工作的经验，从全国来讲，重点要控制四大高耗煤产业——电力、钢铁、水泥、煤化工。

电力不能跳跃式减煤、运动式减煤。现在电力供电有些地区还是比较紧张的，夏天、冬天都有用电高峰，要确保电力供应就不能盲目消减电力用煤。但建设新的燃煤发电是有路径锁定效应的，必须严控。电力行业在这几年减碳的压力还是比较大的，最主要的首先要用水电、核电、可再生能源发电替代煤电的增量，使非化石能源发电发挥更大作用。同时，有条件的要开发 CCUS 技术，进一步地降低发电的煤耗，提高管理水平，降低各种各样的物耗，包括水耗，通过节能减排来减少排放。

钢铁实际路径也是很清楚的，就是严控粗钢的产量和产能，提高废钢比，缩短炼钢的流程，发展还原炼钢技术和 CCUS 技术。还有，要发展更多的清洁电力替代间接排放。比如钢铁厂本身要用电，生产要用电，管理部门也得用电，这些可以在钢铁厂加装太阳能、分布式太阳能等，把燃煤发电替代掉。现在很多机场，如新疆乌鲁木齐机场在建太阳能发电，发电之后先自己用，这样就少用电网供电。

水泥最主要的是要改造熟料系统，这也有路径的。水泥厂也可以变成花园式工厂、森林式工厂，降低水泥行业的碳排放。

煤化工难度比较大。煤化工的减碳，首先要破除把煤化工的盲目扩张或不讲持续发展的盲目拉长煤炭转换产业链这种思路。必要的煤化工项目要进行一些调整，结构要调整，增加甲醇这些气化工，调整能源结构，进行节能改造。对于关系国计民生的、今后几十年还要长期存在、给国家提供基础性原料的煤化工项目，要构建低碳的生产和技术系统，重构化工价值链。

“十四五”期间要实现碳达峰，从全国来讲要以更大的力度引导清洁能源更大规模的扩张。虽然把碳给摁住了，煤给摁住了，但石油还是要增长的，因为现在汽车消费量每年还要增长。经济是要发展的，生活水平是要快速改善的，进出口还会增加，工业领域的排放还要增长，这些都要增加用能。这些用能就要靠清洁能源，这样清洁能源的发展要有更大的力度，要比过去力度大，规模也要大。当然，现在集中式发展受到了制约，就要开展分布式、多元化的发展。还要完善清洁体制、制度，对传统的重点区域也要加快转型，使这些区域投资、发展重点也向清洁能源倾斜，比如山西、陕西的重点产煤地区，让传统的东西不怎么发展，或者让它不能扩展太多，往哪里扩张呢？往新能源、清洁能源扩张。

5

王元丰

如何理解碳中和与第五次工业革命的关系

【专家介绍】

王元丰：男，1965 年 11 月生。北京交通大学碳中和科技与战略研究中心主任，教授、博士生导师。国际金融论坛（IFF）学术委员会委员，中国发展战略学研究会副理事长，中国城市科学研究会可持续土木工程专委会理事长，中国企业联合会企业绿色低碳发展推进委员会副主任。同济大学兼职教授，清华大学苏世民书院全球领导力项目导师，清华大学战略与安全中心“中国论坛”特约专家，清华大学人文学院教育发展研究中心学术委员会副主任，北京大学中外人文交流（教育部）基地学术委员。最高人民检察院特约检察员，九三学社中央委员，九三学社中央参政党理论中心主任。

曾任九三学社中央参政议政部副部长和研究室副主任、九三学社中央第十届及第十一届教育文化委员会主任、中国科学院科技战略咨询研究院副院长、中国公路学会理事，是第十一届北京市政协委员。

由科学出版社出版 4 部学术专著，发表学术论文 250 余篇，其中被 SCI 检索 80 余篇。在 Nature 上发表评论文章 2 篇，是 5 项国家技术标准的编委。是以“土木工程可持续发展面临的挑战和应对技术路径”为主题的第 559 次香山科学会议和以“互联网与未来教育”为主题的 S42 次香山科学会议的发起人和执行主席，是以“加强科技评估，助力创新驱动发展”为主题的第 599 次香山科学会议的执行主席。

撰写反映青年知识分子工作与生活的长篇小说 3 部，其中《心役一心灵的苦役》1995 年由华夏出版社出版，《而立之年》2001 年由华艺出版社出版。其诗集《风雨中的号角》2014 年由华艺出版社出版。在《人民日报》、新加坡《联合早报》等国内外媒体发表评论文章 220 余篇，曾任国务院发展研究中心《环球财经》杂志专栏作家。文章大量被人民网、新华网以及联合国网站等国内外著名网站媒体引用转载。

开文见题，碳中和和工业革命有什么关系？为什么又是第五次工业革命呢？

一、实现碳中和的目的是什么

《巴黎气候协定》要求在21世纪末全球温升控制在工业革命前不超过2℃的水平，同时尽力不超过1.5℃。这是和工业革命前的水平相比，温度升高。为什么要和工业革命前对比呢？因为工业革命以来人类温室气体排放造成气候变化，温度越来越高，所以，应与工业革命前的水平相比，不超过2℃，并努力争取不超过1.5℃。根本原因还是工业革命以来，人类改变了与自然的关系。

重申，本文的主题就是工业革命以来两百多年人与自然关系的改变使气候发生了变化，所以才要求实现碳中和。

那么，人类总共发生几次工业革命？工业革命又是怎样导致气候变化的呢？

关于第一问，人类总共发生几次工业革命，不同的同志可能有不同的观点。

美国著名经济学家未来学家杰里米·里夫金

（Jeremy Rifkin）写了《第三次工业革命》（见图 1）。他认为人类社会发生了三次工业革命，为什么会发生工业革命呢？他的基本观点是每次工业革命都是能源系统加上通信系统发生革命导致的。

图 1　杰里米·里夫金著，张体伟，孙豫宁译：《第三次工业革命》，中信出版社 . 2012 年版。

资料来源：https：//item. jd. com/10039490202949. html

最近他又进行了拓展，认为“能源系统革命 + 通信系统革命 + 交通系统革命”就会产生工业革命。按照里夫金的观点，第一次工业革命时期是 18 世纪中叶到 19 世纪末，第二次工业革命时期是 19 世纪末到 20 世纪初再到 20 世纪中叶，第三次工业革命时期是 20 世纪中叶到现在。

瑞士达沃斯论坛不同意他的观点。2016 年瑞士达沃斯论坛举办主题为“掌控第四次工业革命”的年会。从 2016 年以后达沃斯论坛的主题几乎都与第四次工业革命相关。达沃斯论坛的创始人克劳斯·施瓦布（Klaus Schwab）专门出过一本书《第四次工业革命》。达沃斯论坛的观点认为在 19 世纪、20 世纪中叶发生的是以应用信息技术以及信息技术实现自动化生产为主导的第三次工业革命，当前正在发生一场以人工智能大数据为引领的第四次工业革命，这是达沃斯论坛和里夫金观点不同之处。鉴于达沃斯论坛在世界上的影响力很大，其对第四次工业革命的认知的社会接受度越来越高。

二、工业革命是怎样造成气候危机的

下面以四次工业革命的划分（见图 2）为基础来分析工业革命究竟是怎样造成气候危机的。

第一次工业革命发生在英国。2012 年伦敦奥运会开幕式上，英国把第一次工业革命时的大烟囱、水车搬到了奥运会场馆，他们非常骄傲，认为是英国把工

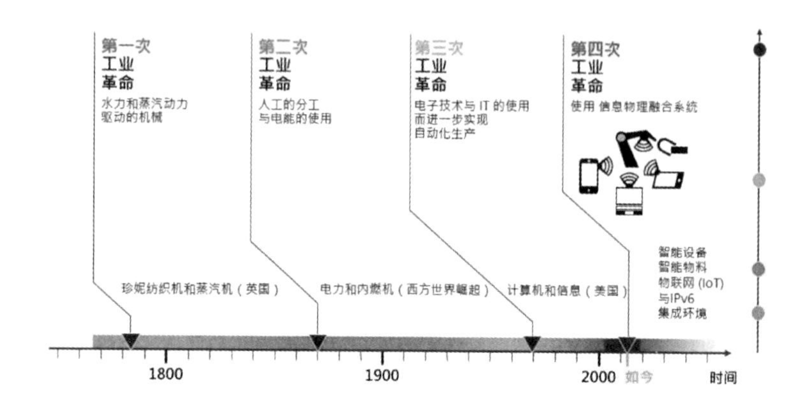

图 2　四次工业革命进程

业革命带给了世界，开启了人类现代化的进程。第一次工业革命是以蒸汽机为代表的一场革命，是一场技术革命，而且这一场技术革命改变了产业，发生了产业革命，又使社会发生了深刻变化，发生了社会革命。

第一次工业革命时的技术创新主要有以下技术为代表：珍妮纺纱机、水力纺纱机，最重要的是蒸汽机，然后有了蒸汽轮船和火车（见表 1）。第一次工业革命也称为蒸汽时代，因为蒸汽机的广泛应用使工业、生产、生活和世界面貌发生了变化。说到蒸汽机和詹姆斯·瓦特（James Watt）是紧密相连的。我们上中学的时候都知道这样的故事，说瓦特小的时候看见水壶烧开了，蒸汽把水壶盖顶起来了，所以产生灵感发明了蒸汽机。这只是一个传说，蒸汽机并不是瓦特发明的，瓦特的贡献是改良了蒸汽机。很早就有人在瓦特前发明了蒸汽机，还取得过专利，但瓦特改良了蒸汽机，使蒸汽机工作的效率、精度大有提高，所以，蒸汽机首先在工厂得到应用。有了蒸汽机纺织厂不一定要建在河边靠水轮驱动，任何地方都可以建。有了蒸汽机后，罗伯特·富尔顿（Robert Fulton）推动产生了蒸汽船，船舶运输的速度和效率大大提高。乔治·斯蒂芬森（George Stephenson）又把它应用到另一个交通工具上，使火车走向人们的生活。随着蒸汽机的使用和推广，推动世界进入了蒸汽时代，人类社会面貌发生了非常大的变化。

表 1　　第一次工业革命时期技术代表

时间	内容	国别	发明/推动人
1765 年	珍妮纺纱机	英国	哈格里夫斯
1769 年	水力纺纱机	英国	阿克莱特
1785 年	改良蒸汽机	英国	瓦特
1807 年	蒸汽轮船	美国	富尔顿
1814 年	火车	英国	史蒂芬森

恩格斯说：“当革命风暴横扫法国时，英国正在进行一场比较平静的，但是威力并不因此减弱的变革。”18 世纪末，法国大革命，让波旁王朝及其统治

下的君主制土崩瓦解，是广泛而深刻的政治革命和社会革命。英国并没有发生这样重大的流血革命，但对推动社会进步的作用一点不比法国弱。

很多人讲工业创新历史、讲工业革命首先讲它是技术创新、科技革命，但不要忘记里夫金的观点，工业革命也是一场能源革命，尤其是第一次工业革命是一场能源革命。

BBC 纪录片《为什么工业革命发生在英国》认为，工业革命第一个因素是煤。煤在其中起到决定性的作用，是工业革命发生的非常重要的原因。英国有很多煤矿，采煤时常有渗水，需要在煤矿排水。排水过程中，很多人就想到烧煤，通过蒸汽驱动机械排水。所以，瓦特就在蒸汽机基础上改良了冷凝器，又用精密加工使得蒸汽机更加实用、效率更高、成本更低。所以，蒸汽机用煤这种新能源产生了新动力，替代了原来的人力，使工业效率大大提升，在交通、生产、生活各个领域都发生了很大的改变。

在 18 世纪中叶前，英国煤的产量就在 2000 万吨左右。随着蒸汽机的广泛使用，到 19 世纪末，英国煤最高产量曾经达到 1 亿吨（见图 3）。所以，第一次工业革命是一次科技革命，也是一次能源的革命。

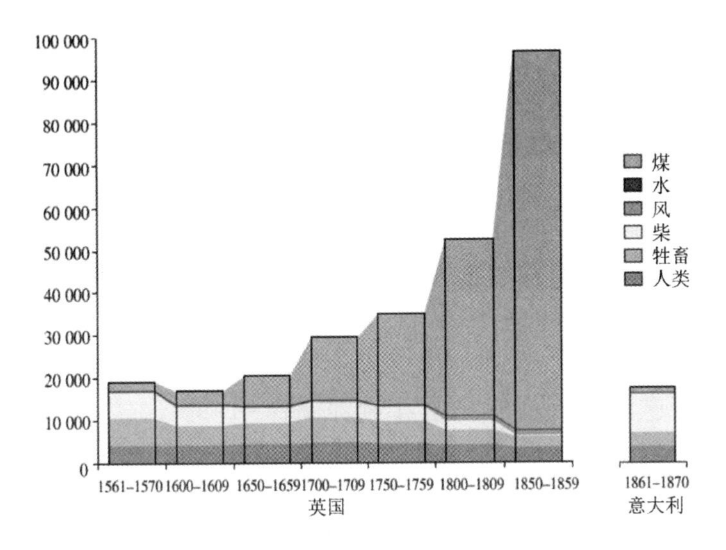

图3　第一次工业革命能源产量

资料来源：Wrigley E. A.，Energy and the English Industrial Revolution，*Philosophical Transactions of the Royal Society*，2013

这场工业革命推动了人类生产生活水平的进步和提高，但它有负面作用。非常重要的就是由于煤炭广泛使用带来了环境污染。另外，工业革命产生了社会更大的不平等，贫富分化加剧，也使殖民化加深。对于工业革命的负面影响，英国人说："火车冒着黑烟，不仅损害田禾使五谷不生，而且会毒害草地。乳牛听到火车的轰鸣声吓得都不出奶了。"这个是不是有夸张成分，但当时有这样的记录。烟囱林立冒着黑烟，是第一次工业时期工厂的典型情景，第一次工业革命时代环境问题就已经凸显了。

1827 年，法国著名科学家让·傅里叶（Jean Fourier）（见图 4）提出了“温室效应”的概念。傅里叶是非常有名的物理学家，主要研究传热学。他发现如果按照太阳输入给地球的热量，地球的温度不应该像现在这么高，为什么呢？原来地球外面有一层大气层，这就像温室大棚一样会起到保温作用。

图 4 法国科学家让·傅里叶

40 年之后，爱尔兰科学家约翰·廷德尔（John Tyndall）（见图 5）想通过实验验证温室效应是否存在。他做了多种实验，发现煤气在吸收能量方面会起到特别重要的作用。他的实验最终证明，二氧化碳本身就会像海绵吸水一样把太阳的热能吸收住。所以，第一次工业革命期间，科学家发现了温室效应，也通过实验证明了这种效应存在。第一次工业革命也带来了环境问题，应对气候变化问题也被提出了。

图5　爱尔兰科学家约翰·廷德尔

如果说第一次工业革命叫作蒸汽时代，那么第二次工业革命就称为电气时代。随着自然科学的不断发展，科技创新进一步加速提升，第二次工业革命期间主要是电力的广泛应用，这期间发明了发电机、电灯、电话。另一个非常重要的发明，就是内燃机的创制和使用。内燃机出现以后，汽车这种交通工具走入人们的生活，当然还推动了化学、冶金等其他领域的进步（见表2）。

第二次工业革命为什么叫作电气时代呢？

表 2　　第二次工业革命期间主要发明

<table>
<tr><th>展区</th><th>展品</th><th>发明人</th><th>意义</th></tr>
<tr><td rowspan="5">电力的广泛运用</td><td>1866 年 发电机</td><td>西门子（德）</td><td rowspan="5">为机器运转提供了新的动力，改善了人们的生活水平，方便了交流和传递，使人类历史从“蒸汽时代”跨入了“电气时代”</td></tr>
<tr><td>1873 年 电动机</td><td>格拉姆（比利时）</td></tr>
<tr><td>1876 年 电话</td><td>贝尔（美）</td></tr>
<tr><td>1879 年 电灯</td><td>爱迪生（美）</td></tr>
<tr><td colspan="2">电厂、电车、电报、电影机</td></tr>
<tr><td rowspan="2">内燃机的创制和使用</td><td>1885 年 汽车</td><td>本茨和戴姆勒（德）</td><td rowspan="2">为交通工具解决了发动机问题，推动了石油开采业的发展和石油化学工业的产生，加强了世界各地的联系</td></tr>
<tr><td>1903 年 飞机</td><td>莱特兄弟（美）</td></tr>
<tr><td rowspan="2">化学工业发展</td><td>1866 年 安全炸药</td><td>瑞典诺贝尔（瑞典）</td><td rowspan="2">丰富了人们的生活，产生了新的工业部门——化学工业</td></tr>
<tr><td colspan="2">人工染料、人造纤维、合成塑料、化学药品</td></tr>
<tr><td>传统工业进步</td><td colspan="2">推动了钢铁工业等传统工业的发展</td><td>跨入了“钢铁时代”</td></tr>
</table>

因为首先是英国科学家迈克尔·法拉第（Michael Faraday）发现了电磁感应行为，德国发明家、企业家维尔纳·冯·西门子（Ernst Werner von Siemens）制造出第一台实用电机，再加上伟大的发明家托马斯·爱迪生（Thomas Edison）改良了新型发电机，出现第一个商业电站，随后各种电站在美国、欧洲出现，各种电器走入人们的生活。

爱迪生与另一位发明家尼古拉·特斯拉（Nikola Tesla）关于直流电和交流电的争论，使交流电作为一种输电和电的使用形式也得到了广泛应用。由此，电便走入了人们的生活。到 1931 年爱迪生去世时，美国政府下令全国停电一分钟，就是让人们感受到如果没有了电人类的生活又回到煤油等、煤气灯的时代。电力的使用给人们带来了一种新的生产生活方式。

与此同时，另一项伟大发明是内燃机，1886 年德国工程师卡尔·本茨（Karl Benz）制造出第一辆以汽油为动力的三轮车。开始只是少量贵族有钱人才能用得起汽车，但美国企业家亨利·福特（Henry Ford）把流水线引入汽车生产中。要澄清一下，流水线不是亨利·福特发明的，它是在亨利·福特之前，在辛辛那提的屠宰场被发明的。亨利·福特看到了屠宰场的生产线，觉得把它用在汽车生产上，能够大大提高汽车的生产效率。这里有两个数字可以看到生产线对提高汽车生产效率的作用。1900 年美国全年才生产 4 159 辆汽车，数量很小。到 1927 年，福特生产线一共生产了 1 500 万辆 T 型车。汽车走入人们的生活，汽车改变了美国，美国变成“车轮滚滚的美国”。

第二次工业革命同样是一场能源革命，首先它拓展了人类使用能源的范围和形式。第二次工业革命不但使用煤更多，同时还有了石油在汽车等各方面的应用。1880 年以后煤炭产量提高，在 19 世纪末、20 世纪初电力应用大大提高。但第二次工业革命期间环境问题进一步加剧。当时西方的一些城市，像伦敦烟囱林立，污染非常严重。

在气候变化研究方面，又有了新的进展。瑞典科学家斯凡特·阿伦尼斯（Svante Arrhenius）通过一万多个模型的探索，建立起了二氧化碳浓度与地球温度的关系。

阿伦尼斯是一位化学家，是 1903 年诺贝尔化学奖的获得者。他建立起能够在理论上探索温室气体浓度与气候变化关系的模型。所以，他被认为是气候变暖理论最重要的奠基人之一，他的工作也开创了现代应对气候变化的这门科学。

但是，那个时候即使像阿伦尼斯也没有认识到气候变化、地球变暖对地球的危害。甚至认为如果地球气候变暖，可能对某些寒冷的地区还会有好处。

但是，进入下一轮工业革命阶段，从二十世纪五六十年代开始的甚至到现在还没有结束的第三次工业革命，科技在进步的同时，气候变化问题也进一步凸显。

第三次工业革命使人类进入了信息时代。因为第三次工业革命主要以电子计算机、空间技术、生物工程等科技创新为标志。大大地改变了人类的生产和生活，也使人和自然的关系进一步紧张。

信息时代主要有两个标志：计算机的发明和因特网的发明。计算机的发明使得信息处理变得更加便捷，因特网使得信息的获取和传输更加简单。第一台计算机是埃尼亚克（ENIAC）1946 年 2 月 14 日在美国制成，占地 170 平方米，重 30 吨，它的耗电量是 174 千瓦。据说埃尼亚克开动的时候整个费城西区的灯都会变暗。这是一台大型电子计算机。

电子计算机还有一个里程碑的发明，就是个人电子计算机（Personal Computer）。1975 年天狼星的发明是第一台个人电子计算机，随着 Apple 等个人电子计算机出现，计算机遵循着摩尔定律在发展。摩尔定律是指每隔 18 个月计算机性能就会提高一倍，它的价格将降低一半。经过 60 多年，计算机飞速发展，摩尔定律可能快要到头了。2021 年 5 月 21 日，我国科技改革和创新体系建设领导小组召开第十八次会议研究后摩尔时代电子信息产业集成电路的发展。

伴随着计算机的发展，还有另一个伟大的发明就是因特网。因特网的发明来源于美国国防部资助的 ARPA 网，它首先把美国西海岸的几台计算机连接在一起，和美国东海岸计算机也连接在一起，形成了最初的 ARPA 网。在 ARPA 网基础上有了互联网（因特网），全球现在有 45 亿网民，59% 的人能够上网，平均每天上网 6 小时。

第三次工业革命使人类社会进入信息时代，美国未来学家阿尔文托夫勒（Alvin Toffler）非常畅销数据《第三次浪潮》（见图 6）指出，第一次是农业，第二次是工业，第三次就是信息社会，也就是第三次工业革命导致的社会—信息社会。

图 6 《第三次浪潮》

资料来源：https：//item. jd. com/29548109788. html

第三次、第四次工业革命的特点虽然表现为电子计算机、因特网、互联网创新，但它依然沿用了化石能源使用模式，这期间有一个非常大的变化，即石油取代煤炭成为人类第一大能源。1965 年，石油取代煤炭成为消耗最大的能源，引领世界进入“石油时代”，标志着人类第三次能源革命。如果第一次钻木取火是人类第一次能源革命，人类使用煤炭是第二次能源革命，第三次能源革命时代就是石油取代煤炭。

第三次工业革命期间，气候变化研究有新的进展。1938 年，英国工程师兼业余气候学家盖埃尔·卡伦德（Guy Callendar）收集了分散在全球各地 147 个气候观测站取得的气温测量结果，试图确定是否存在全球变暖的情况。虽然他并没有北极、南极与各大海洋的数据，但是他指出地球和 500 年前相比，变暖了大约 0.3 摄氏度。

而在 1958 年，美国查尔斯·基林（Charles Keeling）开始在夏威夷莫纳罗亚观测站，测量大气中的二氧化碳浓度。他的初步量测结果显示，二氧化碳浓度有很强的季节循环特性，每年夏天都会随着植物吸收二氧化碳而降低。到了 1961 年，他已能指出二氧化碳浓度确实在稳定上升中。基林的长期实验结果，为人类活动导致二氧化碳浓度增加的论点，提供了最具说服力的证据。

以“基林”名字命名的地球二氧化碳浓度随时间变化曲线——基林曲线（图7）显示，在1958年，二氧化碳平均浓度为315体积百万分率（ppmv），到了2010年达到390 ppmv。同时，对困在极地冰核气泡中气体的量测显示，在过去1万年间的二氧化碳平均浓度，介于275～285 ppmv之间，直到19世纪之后浓度才开始急速上升。

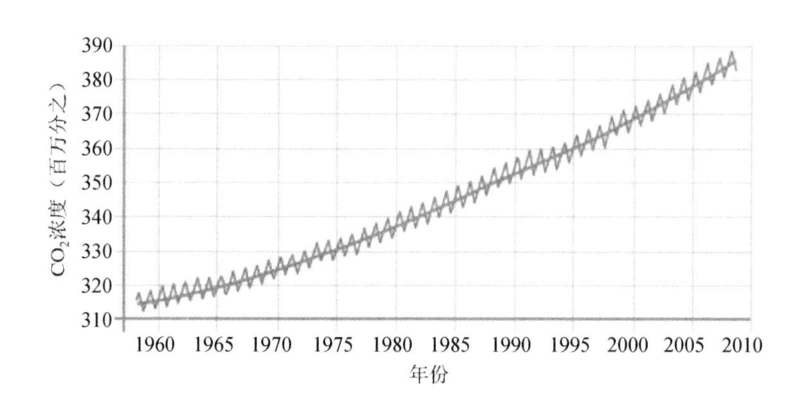

图7 基林曲线

资料来源：https：//item. jd. com/29548109788. html

1967年，气候模拟学者日裔美籍科学家真锅淑郎（Syukuro Manabe）和理查德·韦瑟尔德（Richard Wetherald）在《大气科学杂志》上发表了一篇气候科学论文《给定相对湿度分布的大气热平衡》。两位作者基本终结了关于二氧化碳是否导致全球变暖的辩论，并建立了一个数学上可靠并首次产生物理真实结果的气候模式。由于这方面的开创性贡献，真锅淑郎获得2021年诺贝尔物理学。

第三次工业革命期间环境问题日益凸显，日益加剧。1952年伦敦雾霾事件，一星期的严重雾霾导致1.2万人丧生。1984年印度博帕尔毒气泄漏事件造成2万人死亡，20多万人受害。还有苏联的切尔诺贝利核泄漏等。所以，在第三次工业革命期间环境问题变得非常突出。

1962年美国海洋生物学家蕾切尔·卡森（Rachel Carson）的小说《寂静的春天》公开出版（见图8），在美国乃至全球掀起了一场前所未有的环境保护运动。此书引起公众对环境问题的关注，环境治理逐步提升到国家和全球的层面。

1973年，联合国环境署（UNEP）正式成立，这是人类共同迈进保护环境的第一步。UNEP是人类环境保护最重要的机构之一。

1983年联合国大会决定由当时挪威工党领袖格罗·布伦特兰（Gro Brundtland）为主席，成立了世界

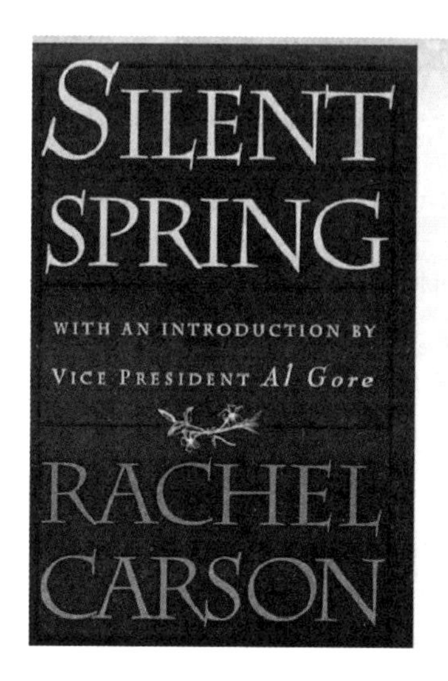

图8　蕾切尔·卡森的小说《寂静的春天》

环境与发展大会（WCED），在布伦兰特夫人的领导下，撰写了《我们共同的未来》。这本书正式提出了“可持续发展”的概念。《我们共同的未来》提交给了第42届联合国大会并通过，自此追求可持续发展成为人类新的发展方向，可持续发展也影响了世界各个国家及地区。

1992年，在巴西里约热内卢召开的联合国环境与发展大会，也是一次具有里程碑意义的大会。美国《时代周刊》当年以这次会议里约RIO会议作为封面，题目为《我们一起来拯救地球》。里约会议发表了《里约热内卢宣言》，也称《地球宪章》，或《21世纪议程》。154 个国家在里约大会上签署了《联合国气候变化框架公约》，148 个国家共同签署了《生物多样性公约》。

在第三次工业革命期间，一个非常重要的事件就是世界气象组织和联合国环境署于 1988 年成立了联合国气候变化专门委员会（Intergovernmental Panel on Climate Change，IPCC）。

IPCC 集中了全世界数千位科学家来评估全球气候变暖这件事是否存在。经过几轮评估，越来越多的科学证据显示，全球变暖是一个不争的事实。2021 年至 2022 年 IPCC 发布了最新的第六次评估报告。

IPCC 报告对人类社会应对气候变化的谈判有重要影响。1990 年 IPCC 发布第一次报告；1992 年在里约热内卢峰会上，140 多个国家签署了《联合国气候变化公约》。1997 年第二次报告发布，在《联合国气候变化公约》缔约国大会上签订了《京都议定书》，这是有法律效应的第二个文件。2014 年，IPCC 发布了第五次报告，2015 年 195 个国家通过了《巴黎协定》。所以，第三次工业革命期间同样是科技在进步，而环境问题日益凸显，气候变化问题更加显著，人类气候治理问题列入了全球人类发展议程。而 2021 年 8 月

IPCC 第六次评估报告第一工作组发布《气候变化2021：自然科学基础》报告，对 2020 年 11 月在英国格拉斯哥召开的联合国气候变化公约第 26 次缔约方大会（COP26）最终达成《巴黎协定》实施细则，起到有力推动（见图 9）。

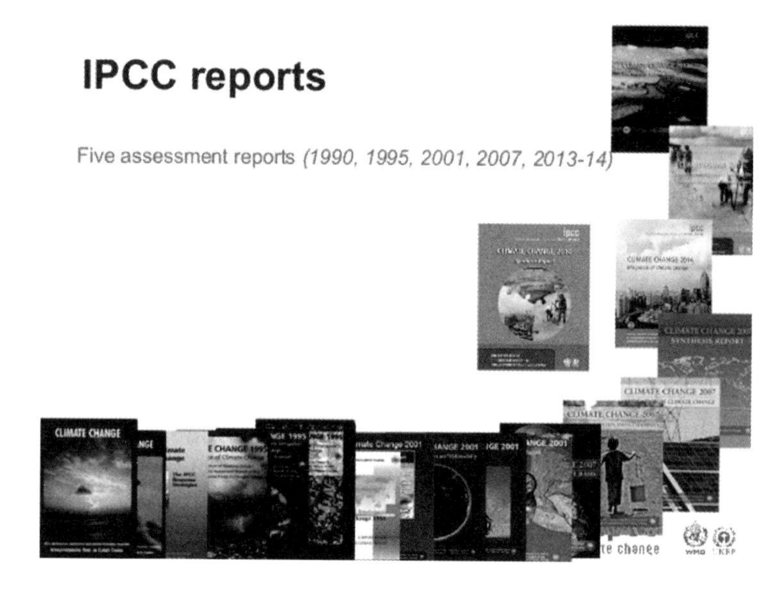

图 9　IPCC 报告

科技一直在不断进步！第三次工业革命还未完全结束，第四次工业革命又来了。我们回顾一下，第一次工业革命如果称为蒸汽时代，第二次工业革命称为电气时代，第三次工业革命如果称为信息时代，第四次工业革命可以称为智能时代。

第四次工业革命开始于德国工业 4.0。德国工业 4.0 是由德国工程院、弗劳恩霍夫协会和西门子公司提出的关于制造业发展的建议（见图 10）。这个建议提出以后得到德国政府的肯定。德国政府于 2013 年颁布了《保障德国制造业的未来：关于实施工业 4.0 建议》。

图 10　德国率先提出工业 4.0

资料来源：http：//www.xcd168.com/news/201101 -37.html

德国工业 4.0 提出后，在全球引起广泛反响。德国 2013 年提出“工业 4.0”，中国 2015 年提出“中国制造2025”，美国提出“工业互联网”的国家战略。第四次工业革命也称为“智能时代”，无论是“工业4.0”“工业互联网”还是“中国制造2025”，其核心都指向智能制造。什么是智能制造？就是把互联网与制造业耦合起来。简单地说，就是让工业化和信息化融合产生新的智能制造。

第四次工业革命背后有几方面的科技创新：人工智能、大数据、互联网、机器人、3D打印、VR、虚拟现实等。2015年达沃斯论坛对这些技术做了评估，看哪些技术会逐渐走向成熟，影响人类社会，并发布了名为《深度转变技术引爆点和社会影响》（Deep Shift Technology Tipping Points and Societal Impact）的报告。该报告把2018年到2027年可能成熟的技术列了一个时间表，比如，认为2018年储存技术将成熟，2020年是机器人技术，2027年是比特币和区块链成熟。

智能制造会使生产发生非常大的变化，能使一条生产线生产出不同类型的产品，满足个性化定制。因为智能化，会缩短工期，降低成本，节能减排。

信息化对人类生活也产生了很大影响。比如信息化和商业结合产生了网上购物，还有网络授课和网络会议，都是由于技术发展推动的。还有人工智能使制造业、汽车、无人驾驶等很多新技术走向了生产和生活。达沃斯论坛认为，“没有哪个行业能不受这些力量的影响”（No industry will remain untouched by these forces），没有一个行业不受到这种力量的影响，都会因为技术发展发生改变。科技进步是好事，但科技在迅猛发展的同时，气候变化没有变小，而且在第四次工业革命中还在加剧。

2008 年欧盟气候变化专家小组发布《2℃目标》评估报告，认为如果全球平均升温幅度控制在 2℃以内，人类社会还能够通过采取措施进行适应，如果是 3℃或 4℃，没有证据显示人类社会有能力适应。2015 年，经过多轮谈判，联合国气候变化公约第 26 次缔约方大会（COP21）终于达成了《巴黎气候协定》。《巴黎气候协定》的实现方式，就是让各国提交国家自主贡献（Nationally Determined Contributions），以明确每个国家未来的减排目标。然而，经过 IPCC 的评估，各国提交的自主贡献根本无法满足《巴黎协定》的目标。所以，2019 年联合国秘书长古特雷斯邀请各国政府界、金融界、商界、民间商会一起召开一次气候行动峰会（Climate Action Summit），呼吁各国提高国家自主贡献，到2030把温室气体减排45%，到2050年实现温室气体净零排放，也就是碳中和。

2020年，在第75次联合国大会一般性辩论上，习近平主席代表中国承诺，碳排放力争于2030年前达到峰值，努力争取2060年前实现碳中和。中国的承诺被国际社会认为是过去十年应对气候变化界最大的事件。对国际社会实现碳中和净零排放产生重大影响。

三、第五次工业革命和碳中和有什么关系

工业革命以来，尽管使人类的生产生活水平有大幅提高，但人和自然关系的进一步紧张，需要实现碳中和。

人和自然关系紧张到什么程度呢？2012年12月2日，联合国秘书长安东尼奥·古特雷斯（António Guterres）在美国哥伦比亚大学举办的“我们星球的现状”的活动中发表讲话指出，我们的星球出现了故障。他还指出：“对于人类和地球而言，我们面临着一场毁灭性的疫情大流行，全球变暖达到新的高峰，生态退化至新的低点，可持续发展全球目标的努力遭受新的挫折。”所以，不能再这样继续下去了。

2021年2月联合国环境署发布报告《与自然和平相处》（Making Peace with Nature），报告指出地球面临三个危机——气候危机、环境污染危机和生物多样性危机。这三个危机相互作用使人类生存和发展都存在问题。一方面，科技进步越来越强；另一方面，所面临的环境问题、气候问题和环境污染问题越来越重。生物多样性的问题也是一个非常严峻的问题。地球面临这些的危机，气候变化最为突出。达沃斯论坛每年都发布全球风险报告，《2020年全球风险报告》把气候变化作为人类五大风险之一。

虽然《巴黎气候协定》达成了，但各国应对承诺的危机还不够，技术研发不足，资金不足。不久前召开的“国际金融论坛2021年春季会议”上，中国应对气候变化专家组组长、科技部原副部长刘燕华指出，现在应对气候变化存在多方面不足。

在这次会议上，联合国副秘书长UNEP执行主任英格·安德森（Inger Andersen）说：“我们要进行一场马拉松长跑，但我们却没有做训练，那样是达不到目标的。”所以，应对气候变化必须要实现碳中和，而且要实现碳中和只有30年左右的时间，这一挑战是空前的。

要看到实现碳中和的迫切性，同时也要看到科技在进步，它为我们在三四十年内实现碳中和提供了可能。因为人类科技创新能力越来越强，虽然第四次工业革命还未结束，但是技术创新水平越来越高，第五次工业革命正在来临。而第五次工业革命是一次要实现绿色低碳发展的革命（Green Revolution）。英国政府也提出了绿色工业革命的十点计划。

有哪些绿色低碳技术能够支撑第五次工业革命呢？2013 年美国能源部发布《现在革命：四种清洁能源技术的未来到来》，指出在美国，风能、光伏、太阳能、高效 LED 照明以及电动汽车，这些技术产品价格不断降低，使美国正在见证一个更加清洁、更加低碳、更加安全的能源转变。

从 2013 年到现在过去了近九年，这四种技术有了怎样的变化呢？对于太阳能和风能，国际可再生能源署发布的报告《10 年：进展到行动》（10 YEARS：PROGRESTO ACTION）指出，2020 年全球将有超过 3/4 的陆上风电、1/5 的太阳能发电项目价格低于最便宜的燃煤、石油和天然气发电。这说明，过去十年新能源价格下降了 80%～90%，已经能与传统的煤电、石油发电、天然气发电竞争了。

国际能源署报告《2020年世界能源展望》指出，可再生能源行业持续增长，有望在2025年取代煤炭成为主要发电方式。到2030年，可再生能源将提供全球40%的电力供应，到2050年可再生能源在总发电结构中的占比将达到60%。可再生能源技术已经成熟，它的成本已经有竞争力了，未来能够支撑能源的转型。

国际能源署发布了《全球电动汽车展望报告（2020）》，显示2010年全球仅有1.7万辆电动汽车，几乎可以忽略不计。但到2019年这个数字增长到720万辆，增长了423倍。现在电动车的价格已经可以在没有政府补贴的情况下与油车竞争。到2025年新能源汽车将比燃油汽车便宜，到2028年全球前20%的销售车都会是新能源汽车。美国银行预计，到2030年电动车将占全球汽车销量的40%，国际三大评级机构惠誉（Fitch Ratings）则预计2040年全球将有13亿辆电动车，比当前世界汽车的总量还要多。所以，电动汽车的技术成熟了，也有了竞争力。

LED照明发展更快更成熟。在2017年全球照明市场LED照明占有率达到36.7%，2018年上升到42.5%。未来十年，Trend Force报告《2021年全球

LED 照明市场展望：光 LED 和 LED 照明市场趋势》认为，它还会再继续发展，每年将以 12.9% 的高增长率发展，5 年就会翻一番，市场将从 2019 年的 676 亿美元发展到 2030 年的 2 628 亿美元，10 年增长 4 倍多，LED 照明肯定是未来照明市场的主力。

通过这四种技术可以看到，各个行业都正在发生革命，而且都过了临界点。什么意思呢？里夫金在《零碳社会》里指出，当太阳能风能的市场占有率超过 14% 的时候，资本就会向其涌向，因为有利润，资本投入就会赚钱，资本的投入又会加剧这一能源的应用。这四种技术基本上都超过了 14%，所以，这些技术将推动人类发生能源革命，也就是新的第五次工业革命。

第五次工业革命的特点和前四次不同。前四次工业革命都是先有技术，技术成熟了慢慢在市场上自然演化发展，导致了产业社会的变化。第五次工业革命是因为人类有了绿色发展的目标，碳中和的目标是人类靠政策推动形成的，这是人类历史上的第一次。碳中和发展推动的第五次工业革命不仅是能源的替代，它会使经济社会发生革命。2021 年 3 月 15 号，中央财经委员会在审议碳达峰、碳中和工作时讲，实现碳达峰、碳中和是一场广泛而深刻的经济社会系统性变革。为什么是一场经济社会的系统性变革呢？因为在应对气候变化的过程中，不仅仅使能源结构发生变化，也将使自身经济社会也要发生变化。碳中和将使经济的形态、运行模式和结构都发生变化，很多行业将发生革命性变化。

第一，能源行业将发生革命。能源变化不仅仅是因为太阳能风能替代传统化石能源，而是因为原来的电是从远方来，未来的电很多将是从身边来。这是一种深刻的变化。过去我们都是电的使用者或消费者，但如果自家房屋或办公室的屋面和墙面上也能够通过太阳能板发电，那么我们既是能源的消费者，也是能源的生产者了。

第二，由于分布式光伏可再生能源是不稳定的，所以电网要能够适应这种分布式能源不稳定的特点，就必须是智能电网，是分布式智能电网。所以，未来不仅有可再生能源替代化石能源，还要有能源互联网。由于可再生能源的应用，用电的形式、使用电网电力系统的形式都要发生变化。因此，这将是一种能源生产和使用的革命。

第三，交通行业也将发生革命。交通系统是温室气体排放的主要领域之一，约占全球碳排放的 23%，在中国约占全国碳排放的12%。交通系统中汽车是空气污染的主要来源（见图11）。未来的汽车能源将是由新能源，锂电池、氢能电池来提供，它还将和人工智能、自动驾驶结合在一起，这种汽车不但环保节能，还能够使人们在驾驶时满足工作、听音乐和看电影的需求。所以，未来汽车的模式和现在大有不同，它将是可再生能源驱动的智能移动空间。

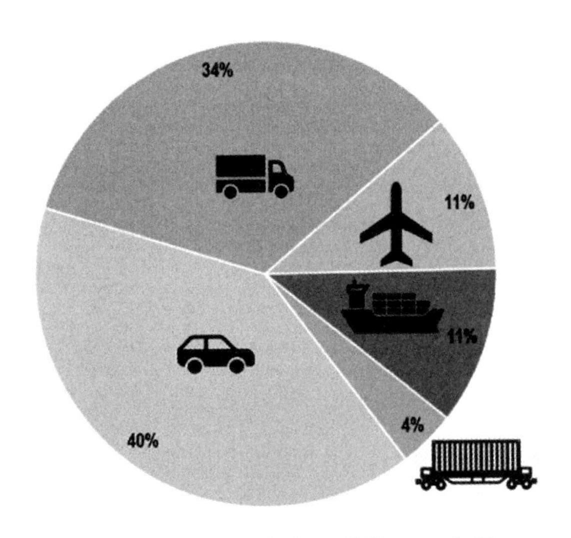

图11 交通部门 CO_2 排放

资料来源：国际能源协会，https：//iaee. org/index. aspx

欧盟一些国家从2025年开始要禁止销售燃油汽车，荷兰最早将在2025年，挪威也是2025年，德国是2030年，法国是2040年，中国可能要在2040年前后也会禁止销售燃油车。2021年在中国召开的第二届联合国全球可持续交通大会上，联合国秘书长古特雷斯特别呼吁制造业大国在2035年前逐步淘汰内燃机汽车的生产。前面提到1886年德国工程师卡尔·本茨奥制造出世界上第一辆以汽油为动力的三轮汽车，但未来二三十年燃油车可能就会成为历史了。所以，碳中和对交通行业的影响也是革命性的。

第四，建筑行业也将发生重大变革。建筑业也是温室气体排放大户。按全生命周期算，建筑业排放温室气体占40%左右。2019年我国建筑部门全生命周期碳排放占全国总量的一半以上（见图12）。适应碳中和的要求，建筑的功能将发生变化，房屋不仅仅是用来居住和工作，它将和光伏太阳能发电一体化。这使建筑的设计、建造、使用甚至拆除等理念都发生了变化。建筑未来不仅仅是居住作用，还是发电厂和能源互联网节点。房屋不仅发电，还要考虑储能，考虑建立“光储直柔”系统。因为光电是不稳定电源，是直流电，需要考虑分布式电力系统，而且系统要柔性。所以，建筑房屋要考虑到用电，对房屋电力系统的设计要求就更高。

- **总体情况：**建筑全寿命周期碳排放51.43亿tCO2，占全国碳排放总量约51%。（比美国2019年全国碳排放总量的高3亿吨，是欧盟碳排放总量的1.8倍）
- **建材生产：**建材生产阶段碳排放28.60亿tCO2，占全国碳排放总量28%。
- **建筑业施工：**建筑业施工阶段碳排放0.98亿tCO2，占全国碳排放总量1%。
- **建筑运行：**建筑运行阶段碳排放21.85亿tCO2，占全国碳排放总量22%。

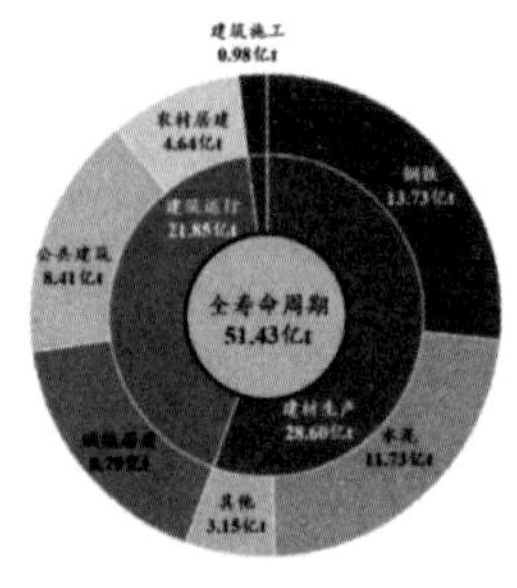

本课题将建材生产和建筑业施工碳排放合称为建造阶段碳排放

图 12　2019 年中国建筑全生命周期碳排放

资料来源：中国建筑能耗与碳排放研究报告（2021），https：//www. sohu. com/a/515845345_ 121112996

同时，建筑上要配备很多的物联网节点，用监测传感器对能源使用的各种数据进行监测。比如对一年四季的能源使用进行监测，可以获得大量的数据，可以给出最优使用方案。其他的物联网，比如空调、冰箱、照明都有传感器，也都能获得数据。所以，家中的各种电器都变得更加智能化了。建筑就变成了一个巨大的获取人类数据的终端，所以，未来的建筑不再是古老的用土木建造的房屋，它是智能物联网的节点，建筑的功能和形式都将有非常大的变革。

能源、交通、建筑行业在改变，各个行业都在变，经济就将产生大的变化。这种变化已经发生，比如，从标准普尔股票指数（Standard & Poors Stock Price Indexes）来看，原来能源化工股票占比13%，2020年下跌到3%左右，清洁能源公司的股票在2020年上涨了138%。在碳中和概念提出后，中国碳中和板块受到热捧，清洁能源锂电池企业市值跨过万亿元。

第五次工业革命还会重塑全球的地缘政治格局。煤炭时代有日不落帝国英国，石油时代有“车轮滚滚上”的美国。碳中和时代谁将执牛耳呢？哪个国家能够抓住发展碳中和、可再生能源、经济社会转型的机遇，哪个国家就能够引领时代的潮流。

最后，非常重要的一点就是碳中和要求重塑人与自然的关系。第一次工业革命以来，科技创新、产业发展使人和自然关系紧张，已经影响人类的生存和发展。2019年开始到现在还没有结束的这次历史性“大瘟疫”的影响已经超过世界大战，说是第三次世界大战，百年不遇，一点不过。

面对这样的疫情，很多人在反思公共卫生、经济、政治、产业链、全球化都要重塑。但更需要反思的是重塑人与自然的关系，这样才能避免下一次大瘟疫的来临。

历次工业革命使人类的能力确实越来越强，可以说摆脱了自然的束缚，成为自然的主人，成为影响地球面貌的重要力量。有一个概念叫作“人类世”（Anthropocene），现在地球的面貌都是人类行为导致的，包括气候变化。但是，恩格斯在19世纪就说过，我们不要过分陶醉于人类对自然界的胜利，每一次这样的胜利都会遭到自然界的报复。

这次大疫情期间，联合国环境署（UNEP）发布了一个视频《新冠病毒：大自然敲响的警钟》指出，现在平均每4个月就有一个新的传染病发生，75%都是动物传染给人类的。这次疫情很可能就是由于人类活动范围扩大，侵犯了动物的聚居地，使病毒传染给人类。

美国微软公司联合创始人比尔·盖茨（Bill Gates）做过一次讲演，他提到如果人类不改变自己的行为，人类社会20年之内还会有新的大型传染病。最近，比尔·盖茨的新书《气候经济与人类未来》（How to Avoid a Climate Disaster）也非常流行。人类该怎样避免气候灾难呢？就是要重塑人与自然的关系。这次的大规模疫情，如果还不反思，还要到什么时候反思呢？

第五次工业革命给我们提供了机遇，碳中和给我们提出了目标。人类必须重塑与自然的关系，这是很简单的道理，如果把居住的地球、环境都破坏了，空气、水、土壤都被污染了，科技再发达，人类都无法生存。科技发展的目的是什么呢？所以，碳中和是人类挽救自身的一次行动，而且是人类理性力量的高度自省和提升。

前四次工业革命都是技术发展推动了人类的革命，第五次工业革命是要在 2050 年左右全球（中国 2060 年）实现碳中和的目标。这更加需要通过政策和通过市场的手段来发展绿色低碳技术，构建一场新的革命，而这场革命的目的让地球适合人类居住，是建立一种新的人类文明，就是习近平主席提出的生态文明。

全球已有 130 多个国家宣布实现碳中和的目标，希望中国各行各业能够共同努力将碳中和目标化为现实。中国将和全球一道共同应对气候变化，使全球能够在 2050—2060 年前后达成碳中和目标，使人类避免气候危机。2021 年 10 月，生物多样性缔约方大会在昆明召开，在生物多样性保护方面也取得了新的进展。相信随着应对气候变化的发展，在空气污染治理上，也会有改变。现在人类面临的三大危机，通过第五次工业革命，通过实现温室气体净零排放的碳中和目标，都能得到改善，人与自然能够和谐相处。人类走出工业文明，迈向可持续发展的生态文明。

6

周大地

中国能源系统如何实现零碳

【专家介绍】

周大地，国家发改委能源研究所原所长，研究员。中国能源研究会学术顾问，原常务副理事长，国家气候变化专家咨询委员会委员，联合国气候变化国家间专家委员会（IPCC）第二次到第五次科学评估报告撰稿人和召集撰稿人。

中央对碳达峰、碳中和工作非常重视。

习近平主席在提出“双碳”目标时说，应对气候变化的《巴黎气候协定》代表了全球绿色低碳发展转型的大方向，是保护地球家园需要采取的最低限度行动。怎么理解这个“最低限度行动”呢？在《巴黎气候协定》下，全球参加《气候变化框架公约》的近200个国家一致同意，把21世纪末人为造成的气温超常升高限度控制在要明显低于2℃之内，而且要力争控制在1.5℃内。

《巴黎气候协定》的目标，是应该采取的最低限度行动，实际只能比这个做得更好。当然，这也意味着中国整个能源系统要进行一次根本性的调整，中国的生产模式、消费模式都要做相应低碳转型，时间紧，难度高。中央强调，这个决策是中央经过深思熟虑做出的重大战略决策，既是事关中华民族永续发展，也是事关构建人类命运共同体这么一个重大决策；同时，中央也认识到，实现碳达峰、碳中和是一场硬仗，甚至对我们党的治国理政能力是一场大考。

我们要真正实现“双碳”目标，就要把实现节能降碳、绿色低碳转型作为促进经济社会发展、全面绿色转型的总抓手，从产业结构、能源结构、交通运输结构、用地结构等方面进行重大调整。习近平主席在中央经济工作会议上已经明确指出，不符合要求的高耗能、高排放项目要坚决拿下来。现在各地也正在认真实行这个政策，清理不合理的、不符合要求的“双高”项目。

一、碳达峰、碳中和势在必行

近 100 多个国家提出了具体的碳中和时间和目标，几乎所有的工业化国家都提出了在 2050 年实现碳中和的具体目标，许多国家还通过立法把它变成长期的、有法律约束力的国家目标。最近，欧盟提出 2030 年碳排放总量要比 2025 年下降 55%；欧洲一些国家，比如德国提出要在 2045 年实现碳中和目标。

实现零碳，在具体行业里，特别是电力体系，很多国家提出要比 2050 年更早，同时对占全部能源消费约 30% 甚至更多的交通运输，各国也提出了很多具体的限购措施，甚至推出了禁止销售燃油汽车的具体时间，最早从 2025 年开始就禁止销售燃油汽车。国际大公司，包括能源公司、大企业都提出了自己的碳中和目标。中国的能源大公司实际也在制定自己的碳中和时间。同时，国际金融机构、开发银行甚至商业银行都开始制定和实施绿色金融和投资的规则，全球都积极认真地行动起来，奔着2050年左右实现碳中和目标一起前进。

如何理解温度上升1.5℃？实际上，1.5℃、2℃目标是指全球平均气温，包括海洋的，这个温度变化是重大的全球生态条件的变化。联合国政府间气候变化专家委员会（IPCC）最近发布了第六次评估报告的第一部分，对全球温升趋势和已经造成的影响做出了进一步的预警。尽管大家有2050年实现碳中和的目标，但是目前全球温升还在加速，现在全球平均气温已经上升了近1.2℃，如果不进行重大变化，20年以后1.5℃就可能成为现实。工业化之后，温度增长1.2℃，各种负面影响已经日益严重，全球性的热浪、干旱、洪涝极端气候明显加剧，包括中国这几年洪涝灾害频发，范围加大，时间加长，甚至以前很少出现大型灾害性洪涝的地方，极端气候也在增加。

陆冰，格陵兰岛和南极冰盖融化明显加快，喜马拉雅冰川融化也在加快，很多小冰川在今后10~30年之内就可能消失，海平面的升高有可能高于原来的估计。如果再不改变这种趋势，21世纪末全球海平面上升就可能达到 1 米（见图 1）。到了那时，天津、上海、广州这些地方就有可能受到海平面上升等一系列重大的灾害性影响。所以，IPCC 报告再三强调，我们现在应对气候变化的行动不但不能延迟，而且要加强、加快、尽快。

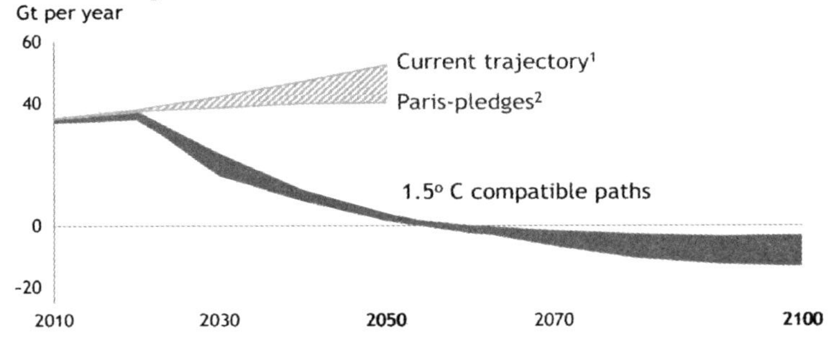

图 1　全球 CO_2 减排目标

资料来源：https：//www. weforum. org/agenda/2019/12/countries – companies – net – zero – carbon – emissions/

“碳达峰”“碳中和”如果要控制在 1.5℃，就得从现在开始大幅度降低全球的温室气体排放总量，甚至后半叶还要人为地采取更多措施，产生负排放。如果仍依照目前趋势以及在《巴黎气候协定》上各国已经提出来的行动方案，21 世纪末温升可能变成 3℃甚至更多。这个情况非常严重，形势十分严峻。

二、实现碳达峰、碳中和的路径

实现“碳达峰”“碳中和”的路径重在方向性的选择和具体的实践。要在30年内将化石能源转换成非化石能源为主体的能源系统，困难确实很大，这是全球面临的挑战，全世界目前能源供应中平均80%左右都是化石能源，能源低碳转型对整个世界都是重大挑战。

2021年7月30日第十九届中央政治局第六次会议提出“碳达峰”“碳中和”要统筹有序，尽快出台2030年前“碳达峰”行动方案，要坚持全国一盘棋，纠正运动式减碳，要先立后破，坚决遏制“两高”项目盲目发展。

很多人对什么是“运动式减碳”，什么是“先立后破”有不同的解读。一种说法是现在干太着急了，搞“双碳”行动有些盲目。实际上，现在面临的主要问题是该干的限碳、减碳诸多行动没有落实，没有认真去做。所以，要更好地规划，更有目的地、更有力地行动，要充分认识“碳中和”能源和社会经济系统低碳转型的必要性、紧迫性、长期性和系统性。减碳需要长期努力，系统地行动起来，才可能完成这个任务。

现在关键是方向选择要对，而且要用发展的眼光看待问题。比如节能降耗，发展非化石能源，发展电动汽车，超低能耗建筑，越早做越好。

零碳能源技术创新进步刚刚起步，虽然做了20～30年的准备，但这些技术还仅仅是初步的。今后20～30年的发展空间还是十分巨大的，许多具体技术路线目前还尚未明确，或者具体技术方案也受到很多质疑，这些问题可以逐渐通过技术创新改进解决。

从趋势上来看，低碳能源系统具有巨大的效率和成本优势，低碳转型将促进各行各业的技术创新和市场升级换代，必须要在干中前进，不要受当前的技术制约。温室气体排放过多要尽快减下来，实现能源低碳转型，是实现“碳中和”的核心内容。

能源相关排放在整个温室气体排放里占比超过80%。所以，把能源抓好，把能源低碳化抓好，就抓住了整个温室气体排放的主要矛盾。同时，相对于其他分散的温室气体，能源系统低碳化路径最清楚，所以，工业过程、能源过程的低碳化是我们现在的主攻方向。

以煤为主的现有能源体系并不是理想的能源体系。

即使在化石能源为主的工业化国家里，煤炭也不是一个优质能源，工业化国家从 20 世纪 60 年代开始就基本上转变为以石油为主的能源体系，之后改为石油、天然气为主。现在大多数工业化国家，70% 甚至 80% 以上能源仍然是以石油、天然气为主。中国目前再重走发达国家走过的煤炭改油气已经晚了。现在化石能源系统，特别是以煤为主的能源系统存在着一系列劣势，能源效率低，污染严重，资源限制比较多，同时进口能源的成本高，能源安全的风险大。

以煤为主问题多多，低碳革命优点突出：

- 发达国家已经完成化石能源优质化，以油气为主。
- 我国很难重复发达国家油气化老路，油气资源可获性约束条件多。
- 能源效率低，污染严重，优质能源进口依赖程度高，进口成本高，能源安全风险大。
- 中国 2019 年能源消费占全球总量的 24.3%，电力消费是全球总量的 27.8%，GDP 只有全球总量的 14.34%。
- 中国能源消费量是美国 1.5 倍，德国 10.5 倍，日本 7.6 倍，英国 18.7 倍。
- 中国发电量是美国 1.7 倍，德国 12 倍，日本 7.3 倍，英国 23 倍。
- 中国单位 GDP 能耗是美国 2.2 倍，德国 2.8 倍，日本 2.7 倍，英国 3.68 倍。
- 中国单位 GDP 电耗是美国 2.53 倍，德国 3.22 倍，日本 2.59 倍，英国 4.55 倍。

中国以煤为主的化石能源系统，在转换过程中的能源损失非常大。中国单位 GDP 能耗也比别人高很多，大约是 2 ~3 倍，单位 GDP 电耗也是别人的 2 ~3 倍甚至 4 ~5 倍。目前中国化石能源体系并不是最优体系，未来通过低碳转换以后的能源体系可以比现在更先进、更清洁、更高效，甚至成本更低。

能源供应和消费体系都要进行转变。中国现在用煤炭消费 40 亿吨左右，石油消费现在可能达到将近 7.5 亿吨了，天然气 2020 年的消费量是 3260 亿立方米，还在快速增长。这些能源要经过今后 30 年左右的时间，基本上清零。能源必须尽快向非化石能源供应为主转变。现在的技术和制造水平，已经可以大规模地提供新能源装备，中国有很多水电，还可以发展核电、风电、太阳能，来满足现实和未来的能源需求。到那个时候，一次能源可以直接用非化石能源产生的电力为主。一次能源就成了一次电力，二次能源反而要制造一些像氢或者其他合成燃料，为能源系统的优质化、高效化、方便化提供最基本的条件。

多数国家都在往新能源方向转型，中国完全可以在低碳化的过程中，跟他们一起并行，甚至可以领行。中国光伏发电组件产量已经占全世界的 70%，水电技术、核电技术都已经走到全世界第一线。

当然，“碳达峰”“碳中和”要两步走：第一步是近期的阶段目标，首先要达峰，才可能进一步减下去。“碳达峰”首先是要调整产业结构，顺应高质量发展，转变经济增长动力的过程。“碳达峰”首先是要加大节能降耗力度，挖掘节能潜力。

第二步，加快非化石能源发展速度，特别是风能和太阳能的发电能力。现在离非化石能源充分供应相当遥远，要赶紧从现在抓起。一些用能方面的低碳化也要抓紧进行，比如电动汽车、超级能耗建筑、空气源热泵的广泛利用等。当然，在产业结构、市场结构方面要认真考虑低碳化转型。在传统产业方面，钢铁、成品油、有色金属、塑料、橡胶材料和制成品大量低价出口，而要早达峰就要抑制不合理的、扩张型的“双高”项目。

到底中国能不能实现2030年前达峰，提前到什么程度？个人认为，越早越好，如果我们下决心，经过努力，2050年全国“碳中和”是可以实现的。

能源体系要加快向零碳能源供应体系过渡，要争取“十四五”时期煤炭总量下降，石油达峰，天然气2030年达峰，2050年左右化石能源要力争全部退出市场，加快各种非化石能源发展速度，特别是风电、太阳能以及核电、水电开发。风电太阳能最终可能各要达到30亿～40亿千瓦，甚至可能更多。还有各种储能技术，因为要以非化石能源发电为主，它的时间保障主要是靠储能体系来解决。同时，加快绿氢，以后重要的低碳、零碳的二次能源技术的研发。当然，像碳捕捉这样的技术也不能放手，要深入研究。

实际零碳能源系统具有多方面优越性。因为风光发电资源十分丰富，潜力巨大，没有实质性资源总量限制，现在的实际发电成本已经比煤电要便宜。目前条件好的地方，大规模的光伏上网可以做到0.15元/千瓦时以内，比煤电便宜一半以上。国际上条件比较好的地区，光伏上网电价已经可以到1美分左右，合人民币0.07元/千瓦时。风电成本现在也在大幅度下降，陆上风电最好的也已经可以做到0.15元/千瓦时左右，已经实现财务平衡。在这个基础上，储能技术成本也在大幅度下降，以后的一次能源系统会比现在的煤油气系统更便宜。如果实现了能源体系的转型，就会彻底摆脱对化石能源资源的依赖，从而解决进口能源经济安全风险。从源头上可以解决空气、水和固体环境污染问题，大幅度地提高能源系统效率，提供最清洁、最优质、最方便、最高效的能源服务。

可再生能源一次电力的能源系统可以创造最高系统效率。以煤为主的化石能源系统效率很低。从勘探开采，到最后解决我们的热力需求和动力需求，只有大约25%（甚至更少）的能源变成有用能。化石能源的发电转换效率只有40%。汽柴油车的有用能转换效率只有15%不到。如果变成一次电力为基础的能源系统，这个转换过程，60%~70%甚至80%的转换损耗就基本能降为零，我们整个能源体系效率就能得到大幅度提高。

如果仍以化石能源为主，2050年我们需要多少能源呢？传统的估计是70亿吨或更多，现在是50亿吨左右。现在电力中火电占70%以上，所以风电、太阳能、水电都折合成相应的煤电能耗。以后非化石能源发电成为主体，将基本替代火电。风能、太阳能、水能直接转变为电力。加上终端用能系统高度电气化带来的效率提高，到2060年左右，我国一次能源可以控制在20亿~30亿吨标煤范围，要比70亿吨少出40亿~50亿吨标煤。零碳能源系统的效率远远高于现在的化石能源系统。能源总成本可以大幅度下降（见图2）。

• 远期能源消费总量将从传统预计的70亿吨标煤，下降到20亿吨标煤左右

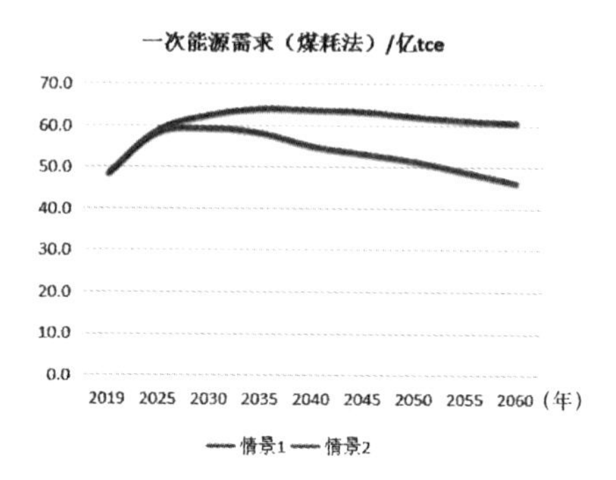

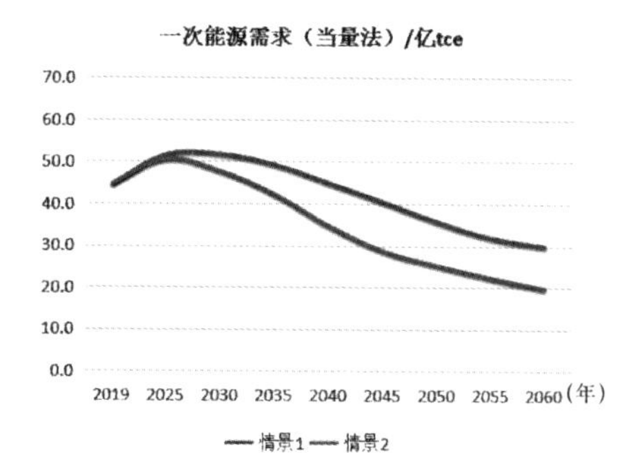

图2　非化石能源系统将大幅度降低能源消费总量

资料来源：发改委能源所课题成果

未来的能源发展，煤炭、石油、天然气实现梯次达峰，梯次下降，最终在2060年退出历史舞台。如果认真努力，能源系统可以在2025年左右二氧化碳达峰。2050年左右可能在能源系统实现“碳中和”，是根据各行业各部门各种技术变化，市场需求测算得出来的结果。2060年全社会用电量可能是现在用电量的2倍（15万

亿千瓦时左右），但主要都是一次电力，所以非常高效。

中国的风光电力资源丰富，完全可以支撑我们实现电力系统和整个能源系统低碳转型的需要。

要实现低碳化，终端用能也要转变。工业、建筑和交通都主要通过电气化实现低碳化。电力系统需要更加提前，需要在2040~2045年左右实现零碳化。也就是现在以煤、火电为主的电力系统必须经过20~25年时间转变成零碳电力，只有电力系统的零碳化才能使各个终端用能电气化有更好的基础。为什么现在不能电气化？因为电力现在70%多是火电，发电能耗很高。如果现在就要工业电气化，会使能源系统的实际效率下降，碳排放总量上升。只有电力系统提前实现零碳化、高效化，终端用能高度电气化才有条件。

要达到这个目标，需要使每年新装风电，新装光伏尽快达到各1亿千瓦，以后可能还要更高。不管核电发展还是可再生能源发展，一是要加速发展，二是要逐渐解决稳定供应问题。

要加快风光和非化石能源发展，首先要解决增量的稳定可靠问题。需要大力发展储能系统和新型电力调度系统以及终端用能的响应系统，包括各种储能、储热以及电动汽车的双向充放电，即V2G，以支撑电力系统改型。

核电、水电也要加快发展。核电目前只有 5000 万千瓦，核电对电力平衡和电力系统稳定性方面可以起到很好的作用。内陆核电也要认真考虑在安全的基础上如何尽快起步。

如果电力问题解决了，我们工业零碳就相对容易一些，用哪些技术、怎么储能，这些都要在低碳进程中讨论，实现最优选择。所以，我们需要重新设计很多工业领域的电力系统、能源系统。

零碳工业生产有待技术创新和示范，用 10～15 年时间把这些低碳路径摸清，再用 10～15 年的时间把工业体系重新改造一遍。要加快技术创新、技术示范、技术验证、技术标准化、技术规模化，把这些条件准备好，以支持以后的大规模的应用。这也是低碳发展重要的系统的思考和做法。

地面交通已经可以加快零碳转型。现在买电动车已经可以有很多选择，而且性能也都不错。电池技术，电动车技术，这几年进步非常快。2025 年左右就可能达到电动车和燃油车市场翻转的转折点。

中国每年消费 7 亿多吨石油，其中有近 5 亿吨用以炼汽油、柴油、燃料油或者航空煤油。目前传统燃油交通工具大都可以电气化，可以尽快摆脱对进口石油的依赖，也解决了很多地区城市空气污染的问题。汽车电动化应该加速推进。电动车技术进步已经可以支撑汽车电动化。下一步大规模推广开始面临着有序充电的基础设施问题。

中国锂离子等电池储能技术快速进步，成本大幅度降低，储能的成本也从现在每千瓦时近 0.7 元，到 5 年以后已经可以到 0.2 元左右，这样都大大推动了电力系统、储能系统的进步。

还有一个和人们的社会经济和生活密切相关的重要的低碳转型领域，就是建筑物。现在三产已经成为最大的产业，三产的碳排放大量都是和建筑物以及建筑物内外的设施相关的。建筑物包括公用建筑和住房，占世界能源消费的 1/3 甚至更多。建筑物碳排放的减排和实行碳中和的路径方向比较明确，现在也有成熟技术。运用新的保温绝热技术、新的建筑材料、新的门窗可以使房子冬暖夏凉，用更少的能源，甚至是现在有些浪费型采暖系统的 1/10，就可以达到很好的室内生存条件。中国已经有了超低能耗建筑标准，而且正在制订零能耗建筑相应的标准。建筑用能、建筑结构、建筑材料、建筑运行本身以及供热系统这些技术进步现在已经有大方向。

中国是世界上超低能耗建筑示范最好的国家之一。现在要解决如何尽快推广实行超低能耗建筑标准。尽快采用各种新技术新产品，使新建的建筑用能需求量大幅度下降，而人们生活的舒适程度反而提高。在这个基础上，进一步实现建筑供热、建筑用能的高效电气化，实现可再生能源发电一体化，建设新型电力系统互相协调化的新型建筑能源系统。

现有的供热技术面临系统转变。因为超低能耗的房子不需要集中供热，补点电就能解决问题。既有建筑现在还有各种需求，供热系统如何分散化、高效化、热泵化、储能化，还需要逐步解决。新型的建筑材料技术、新型的建设技术、新型的门窗隔热技术，有的是空间可以发展。

真正要把低碳转型搞好，不但要讲技术本身，还要构建新的、推动低碳转型的政策体系和市场条件。如电价、热价、气价、能源整个运行，各种规则都需要根据低碳发展的要求进行必要调整。所以，中央提出要深化电力体系改革，要建立以新能源为主体的新型电力系统，需要有体制性的配套、政策性的引导、经济手段的激励和奖惩。

7

薛　勇

二氧化碳遥感检测技术如何助力碳中和

【专家介绍】

薛勇：定量遥感和地球大数据专家，国际欧亚科学院院士、国际宇航科学院通讯院士、入选国家高层次人才讲席学者、“英国皇家物理学家”荣誉称号获得者，中国矿业大学二级教授。“国际数字地球学会中国国家委员会”第一届数字能源专业委员会副主任委员，“中国测绘学会”第十三届大数据与人工智能工作委员会副主任委员。

一、温室效应与大气二氧化碳

大气能使太阳的短波辐射到达地面，地表受热后向外释放出大量的长波热辐射，热辐射同时加温大气被大气吸收，使得地表和底层大气温度升高，这种效果就相当于地球在一个温室里面，温室的外壳是大气，所以是一种温室效应（见图1）。

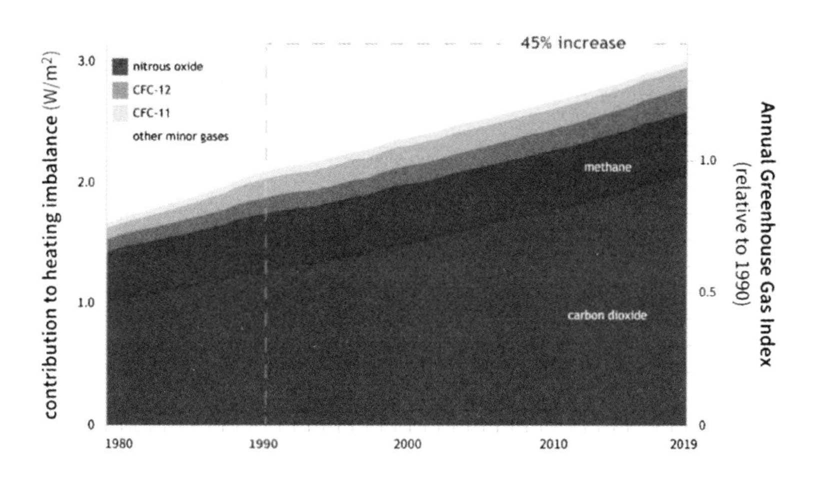

图1　温室气体的综合加热效应

资料来源：全球温度与二氧化碳水平、海平面的线性相关性，以及到2100年预计6℃变暖的创新解决方案。地球科学与环境保护杂志，2009：84－135

在地球大气中能够起到增温效果的叫作温室气体。不是大气中的每一种成分都会起到增温效果。最被大家熟知的温室气体就是二氧化碳，碳和氧的一种结合。第二种是甲烷。第三种是臭氧。除此之外还有一氧化二氮、氟利昂、水汽。

二氧化碳占到温室效应的 20% 左右，其他的温室气体占到 5%。二氧化碳主要来源于碳，所以二氧化碳实际上主要和人类活动即化石燃料的排放密切相关。二氧化碳气体本身是惰性气体，所以二氧化碳生成后，自己很难产生进一步的化学反应，存在而持续的时间非常长，很难消失。

甲烷的存量及占比比二氧化碳少很多，但是甲烷引起温室效应的能力是二氧化碳的 23 倍。甲烷主要来自于农业和废物管理，也有一些来自于畜牧业和石油天然气的燃烧。

二、全球碳循环和碳通量

全球碳元素在地球上的生物圈、岩石圈、水圈和大气圈中交换。能量平衡规律下地球上总碳是不变的，但是它的某种形式和成分占比始终在变化。大气中的二氧化碳被陆地和海洋中的植物吸收了，通过生物或者地质过程、人类活动，比如煤矿开采燃烧又以二氧化碳的形式返回到大气中，这是一个全球的循环，称为陆地碳循环、海洋碳循环或大气碳循环。

全球碳储库和年通量，一大部分是工业化之前的储量与通量，大气中是597亿吨，还有一部分是由人类活动引起的储量和通量变化。化石燃料是提供了人类活动以后碳储量和通量变化最大的部分（见图2）。

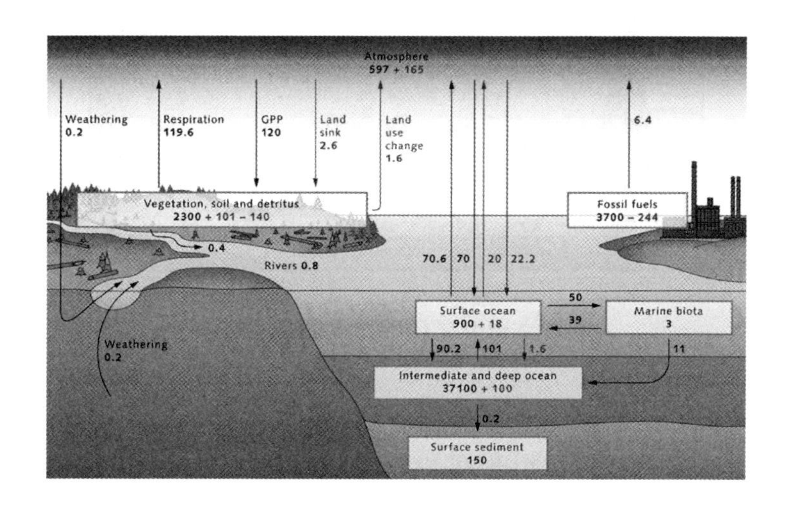

图2

资料来源：https：//worldoceanreview. com/wp – content/downloads/wor1/WOR1_en_chapter_2. pdf

人类活动每年向大气排放近400亿吨的二氧化碳。据2019年5月11日一个统计显示，大气中二氧化碳浓度达到了415. 26ppm，这是人类历史上二氧化碳浓度又一次突破数值高峰，相比20世纪50年代大概的

300ppm，浓度增量急剧攀升（见图3）。

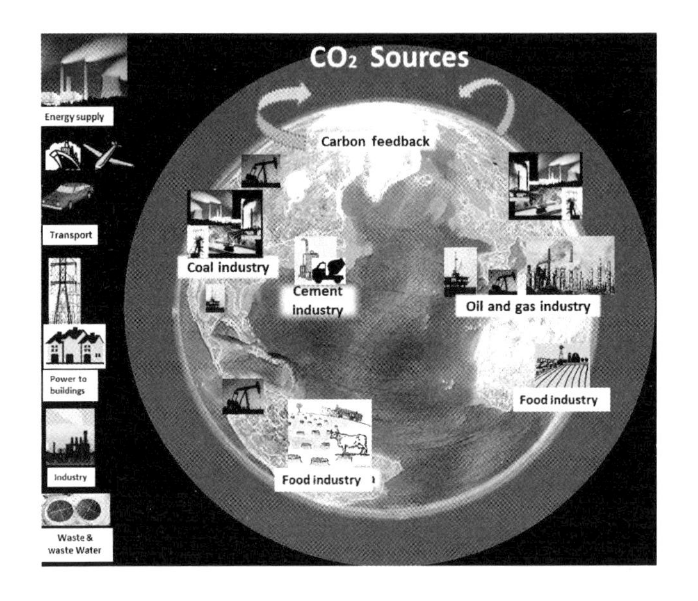

图3　CO_2 形成示意图

资料来源：https：//static. secure. website/wscfus/8025341/uploads/inds. GIF

甲烷总的含量相对较低一些，但是它的浓度也在持续增加。在100年的范围内，有科学家做过模拟，甲烷使全球变暖的能力是二氧化碳的20多倍，大气中甲烷的浓度比工业化前的水平高了150%，但是大气中的甲烷寿命相对来说比较短，容易产生化学反应，所以通过控制甲烷在一定程度上也能减缓气候变暖。

大气中的甲烷来自于很多地方（见图4）。例如人为排放源，稻田、化石燃料、垃圾填埋、畜牧业都会产生甲烷。有研究表明，牛由于自身特殊的消化构造能向大气中排放大量的甲烷。天然甲烷源，如湿地、白蚁、海洋、地质，特别是现在北极冻土的消融融化大量甲烷从冻土中释放出来，这对全球气候变暖起到了很大的作用。

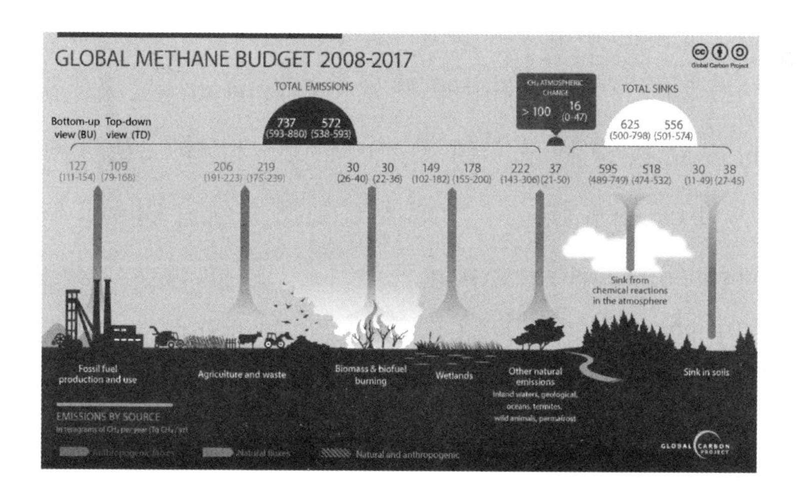

图4　甲烷来源示意图

资料来源：https：//www. globalcarbonproject. org/methanebudget/index. htm

无论是中国还是全球，碳达峰、碳中和都是首要的重大需求。那么到底二氧化碳在大气中有多少？去年、前年是什么状况？明年和后年又会是什么情况？二氧化碳每个地区、每个国家都在排放，排放了多少？有没有观测手段呢？

三、基于地基平台大气二氧化碳和甲烷浓度观测

基于地基平台大气二氧化碳和甲烷浓度观测，1948 年 Migeotte 在太阳光谱中发现了甲烷的吸收光谱，这是最早的测量。20 世纪 50 年代以后，Keeling 在莫纳罗亚山、夏威夷和南极开始了精确的大气二氧化碳的长期系统测量。到了 80 年代，世界气象组织（WMO）率先建立了全球大气观测系统（Global Atmosphere Watch），系统地在全球范围内观测大气。中国 1982 年在北京上甸子、1983 年在浙江临安、1991 年在黑龙江龙凤山建立了区域本底站，是在世界气象组织的框架下结合全球统一标准建立的本底站。1994 年我国在瓦里关建立了全球大气本底站，数据在世界气象组织中共享，能够提供中国的大气本底数据。最近几年已经形成了多个大气观测网和数据集。

Keeling 的二氧化碳监测是由 NOAA 提供支持的，称为“全球温室气体本地站”，主要探测二氧化碳、甲烷、一氧化二氮等的变化，在全球部署了 4 个基线天文台、8 座高塔的全天测量，有 50 多个地点的志愿

者收集空气样本，在北美有小型飞机定期收集空气样本。

TCCON（Total Carbon Column Observing Network）是由加拿大和NASA于2004年建立的，基于地面的傅里叶变换光谱仪的观测网络，利用观测数据准确反演二氧化碳、甲烷、N_2O、HF、CO、H_2O和HDO的总柱浓度。全球有23个监测站点，是全球公认的二氧化碳和甲烷的标准站网。这个标准是大家公认的，不是哪个国家规定出来的。

世界温室气体数据中心（WDCGG）是1990年日本气象厅在世界气象组织（WMO）下运作的全球大气监测的世界数据中心，主要负责收集、存档、分发由数据贡献者提供的温室气体，包括二氧化碳、甲烷等。这个数据中心目前收集32个世界气象组织的全球观测站点，有110个区域观测站点，包括全球温室气体大气观测网，还包括26个观测站点和33个移动观测站点。它的布局在欧洲、北美、日本相对密集一些。

GLOBALVIEW二氧化碳地基观测数据集，这个观测平台包括地面站、高塔、船舶和飞机。这个站网有110个地面观测站，包括77个气瓶采样观测点和33个原位连续观测站点，收集数据站点分布在北半球特别是欧洲和北美，航测数据主要位于美国、俄罗斯和日本。

地基观测的精度非常高，但是毕竟站点数量有限，并且它是点观测，很难做到大范围观测。同时，全球范围的站点分布很不均匀，比如欧洲、北美相对来说密集一些，这就造成它的时空分辨率不高。

四、基于航空平台大气遥感的二氧化碳

在地基和卫星中间高度有一个航空平台。日本 CONTRAIL 团队利用日本航空公司 JAL 商用客机上的仪器，实现了高精度的大气二氧化碳测量，飞机上装了几个采样仪器，在飞行过程中做采样和测量。

航空测量很难做到连续，基本上都是个体实验，比如某个 HIPPO 的实验是从 2009 年到 2011 年，利用太平洋航运不同的高度和纬度采样监测二氧化碳和大气痕量气体的全球分布，使用了改进的非色散红外二氧化碳测试仪。但这个仍然达不到连续和大范围的要求。

美国国家海洋和大气管理局（NOAA）也启动了类似的航空测量，NOAA 的 ESRL（Earth System Research Laboratory）在北美上空做分析，计算大气中的二氧化碳，主要采用北美航行的一些商用飞机。

我国 2019 年在山东青岛做过一个二氧化碳的廓线测量，2018 年在黑龙江建三江也做了二氧化碳和甲烷的廓线测量。

除此之外，还可以在飞机上用激光雷达做二氧化碳测量。2019 年，中国在山海关做过类似的飞行实验，使用了激光雷达来测量大气的二氧化碳。

五、基于卫星平台大气二氧化碳和甲烷浓度监测

二氧化碳和甲烷的观测，通过卫星可以做到全球大范围、稳定的、长时间、持续不断的监测。使用什么样的技术和物理基础呢？一是红外传感器（热辐射被动测量）；二是近红外传感器（日光反射式被动测量）。当然将来有主动的激光雷达，可以不受到云层和气溶胶的影响，空间分辨率很高，也可以在夜间观测。

目前为止主要的大气二氧化碳探测卫星，从最早欧洲 ENVISAT 和 AQUA（2000 年）到 AURA、METOP -

A、GOSAT，后来有 OCO、TANSAT、GOSAT－2 和 OCO－3 等。ENVISAT 可以测二氧化碳、甲烷，OCO 只能测量二氧化碳，GOSAT 可以测量二氧化碳和甲烷。精度从最初比较粗糙一直到现在精度非常高。卫星还存在一个“重复周期”的概念。SCIAMACHY、GOSAT、TANSAT、OCO－2 回访周期 16 天，GOSAT－2 回访周期 2～6 天，SCIAMACHY6 天。

从红外探测的传感器来说，目前主要采用了干涉和光栅的分光类型。IMG、AIRS、TES、IASI 都是传感器的名称，卫星发射的时间从 1998 年开始到 2002 年，一直到 2011 年。采用的光谱范围是 3.3～16.7чm，一般都是 3.7～15 чm，包括 IASI 里面3.62～15.5чm，这个谱段主要是近红外和热红外，目前采用的主要是近红外和热红外。光谱分辨率大家看到数据了，空间分辨率从 22 公里星下点到干涉的 5.3×8.3 公里，右边也有它的幅宽，就是每次扫描的宽度。

（一）反演算法

AIRS 主要测量中高对流层的二氧化碳廓线，采用最优化估计方法。IASI 是最高对流层的二氧化碳廓线，采用的是神经网络算法。TES 采用的最优化估计方法。OCO 和 GOSAT 都用的最优化估计，SCIAMACHY 用的 DOAS 方法。

SCIAMACHY 使用的 WMF – DOS 方法，利用柱总量权重函数代替目标气体的吸收截面，同时利用最小二乘法拟合差分光谱信息得到整个大气柱的总量。OEM 方法主要是用在 TES 和 ACE 的传感器上，对大气成分的敏感波段进行廓线的非线性迭代，利用模拟和观测波段的残差值，对残差值进行最小拟合得到廓线信息。IASI 采用的是神经网络的方法，通过对大量训练样本和大气状态库的数据进行经验性的统计，给出目标大气成分对光谱的依赖权重系数并进行反演。它的产品也主要是廓线和柱总量。

短波红外。像 SCIAMACHY、GOSAT、OCO 采用的是 footprint 的探测技术，非常容易受到云的影响，有一定的限制。热红外的好处就是大的幅宽两天可以覆盖一次全球，但是它的精度反演比较有限，同样也受到云的影响。

VLIDORT 是用于模拟太阳辐射在大气中的传输过程。LBLRTM 是一种准确和高效的逐线积分辐射传输模式，在各层上测量二氧化碳、臭氧的连续吸收。不莱梅大学 SCIAMACHY 传感器使用的是 SCIA 的大气辐射传输模型。RTTOV 是 1988 年开始研发的，主要用于计算透过率，主要用于热红外波段卫星二氧化碳的气体反演。

二氧化碳精度对于研究碳源汇时要求小于 1%，甲烷精度要小于 2%，但是我们发现这两种算法都有各种各样的缺陷，最优估计方法是比较常用的反演方法，去除被云影响的像元，建立气溶查找表，在全球范围内反演精度在 4ppm，大约相当于 1%。

DOAS 类方法是针对 SCIAMACHY 用的，它的反演精度是 14ppm，相当于 5%。

另外一个 PPDF 方法可以达到精度相当于 1%，但所有这些方法都会受到气溶胶影响。气溶胶是目前所有这些方法中最关键的一个因素，也是影响最大的因素。如何排除气溶胶的影响，是目前所有大气二氧化碳和甲烷反演的难点。

DOAS 方法 SCIAMACHY 的反演精度大概是 4 ~ 8ppm，如果用最优估计反演法可依达到 2. 5ppm，TanSat 可以达到 3. 03ppm，OCO 精度会高一些，达到 1 ~ 2ppm，等等。

（二）卫星传感器

1. IMG，1996 年 8 月发射，搭载在 ADEOS 上面。主要是测量地面的表面温度、大气温度廓线和大气组分。很遗憾，在轨时间只有 10 个月，仅用于实验，所以很快就失去控制了。

2. MOPITT。这是 NASA 在 1999 年发射 Terra 卫星时搭载的传感器，采用天底方式观测甲烷，光谱范围相当于红外，星下点分辨率相对粗糙大概在22×22 公里，重复周期为 3 天。虽然 Terra 卫星重复周期是每天一次，但由于 MOPITT 的扫描幅宽，所以它的重复周期是 3 天。大家看到它可以用于探测一氧化碳、甲烷。

3. MIPAS。欧洲 ENVISAT 卫星上搭载的传感器。ENVISAT 是 2002 年发射的，采用临边扫描方式，可以测量臭氧、甲烷、二氧化碳、一氧化二氮。它的周期相对时间长一些，35 天，星下点分辨率是 3×30 公里，临边高度是指大气廓线，6～68 公里大气的高度。

4. AIRS，搭载在 EOS/Aqua 卫星上的光栅式红外高光谱探测，2 378 个红外光谱通道，每天两次全球观测，空间分辨率为 13.5 公里，可以提供超过全球 95% 的地区的观测数据。测量二氧化碳的精度误差大概在 3 ~7ppm，低于我们 1% 的要求，它的最高探测精度可以达到 2% ~10%。

5. ACE 是在不同高度上采用临边扫描方式，同步周期是 97 分钟，光谱分辨率和临边高公里每个间隔，星下点相对来说粗糙一点为 26 ×41. 8 公里，主要是测量大气层的廓线里的甲烷和一氧化碳。

6. TES，2004 年 6 月发射，在 Aura 上，是一个高分辨率的探测器，能够探测大气温度、水汽、二氧化碳、甲烷等。它有两种模式——天底和临边。大家可以看到天底就是直着看地球，临边是斜着看地球，它可以测量对流层和平流层的痕量气体，它的重复周期是 16 天，星下点分辨率天底是 5 ×8 公里，临边一个方向上是 2 公里，另一个方向上比较粗糙是 23 公里。

7. IASI，红外光测量机，主要是用温度廓线的方法测量二氧化碳，通过它的吸收可以测量臭氧，也可以测量水。

8. Crls，2011 年 10 月发射的，有 1 305 个光谱通道，是 AIRS 的延续。

9. Sentinel –5P，欧空局于 2017 年发射的，主要用于监测全球大气污染，上面搭载的传感器是 TROPOMI，可以测量二氧化氮、臭氧、二氧化硫、一氧化碳和甲烷，它采用的波段包括紫外、可见光、近红外和短波辐射，它的星下点分辨率从紫外 21 公里到 28 公里，到可见光波段 7×7 公里。所以，它的分辨率不太一样，主要取决于采用哪个波段。

10. SCIAMACHY 是最早比较成功的一个传感器，能够探测二氧化碳、甲烷、一氧化二氮、水，它的空间分辨率稍微差一些是 30×60 公里，它是 2002 年发射的，2012 年失去控制，它的很多产品现在仍被大家广泛使用。

11. GOSAT 是搭载在 TANSO－FTS 上的，搭载了 TANSO 的傅里叶传感器，还有一个 CAI 传感器，这两个传感器主要是通过热红外气体吸收光谱测量二氧化碳和甲烷，GOSAT 最早是 2009 年发射的，在 GOSAT 是 2018 年发射的，大家可以看到它能够测量氧气，能够测量二氧化碳和甲烷。

12. GOSAT－2，传感器稍微有点提升，它的星下点分辨率变得更小，能够看到更小范围内的情况。它的幅宽稍微变窄了一点，所以它的回访周期可能会长一些。它也能够测量水蒸气、二氧化碳和甲烷。

13. OCO 是 2014 年发射的，这一颗卫星是太阳同步轨道，重访周期 16 天。OCO－3 号卫星 2019 年 3 月发射，与 OCO－2 同样载荷，空间分辨率非常好达到 1.29×2.25 公里，它的优势在于空间分辨率比较高，并采用了天底观测、耀斑和目标三种模式。

14. 中国 TanSAT，中国自主研发的首颗全球大气二氧化碳观测科学实验卫星，相当于全球第三颗嗅碳卫星。发射于 2016 年 12 月，主要搭载了超光谱光栅光谱仪，还有气溶胶成像仪和二氧化碳光谱仪。在测量二氧化碳的同时也在测量气溶胶，它可以通过去除气溶胶的影响，提高二氧化碳的反演精度。所以，它非常强的优势就是空间分辨率是 1 公里，幅宽只有 20 公里。

15. GHGSat（Greenhouse Gas Satellite），是加拿大的一家公司发射的一颗小卫星，主要用于在高空间分辨率情况下测量甲烷浓度，所以，它的第二颗卫星 Iris 能够准确地发现更小的甲烷泄露源，这是一个商用卫星。

16. FY－3D，我国第二代极轨气象卫星的第四颗星，2017 年 11 月发射，有一个近红外高光谱温室气体监测仪 GAS，可以获取二氧化碳、甲烷、一氧化碳的温室气体，有耀斑和天底两个模式，空间分辨率在 10×10 公里。

17. GF－5 是 2018 年发射，专门用于探测大气的气体成分的光谱仪、温室气体探测仪等 6 台载荷，主要是用于获取全球温室气体二氧化碳和甲烷的柱浓度数据，有天底和耀斑两种模式，可以测量二氧化碳和甲烷。这个卫星可以提供比较高的空间分辨率的监测。

ENVISAT、GOSAT、OCO－2、TANSAT、GOSAT－2、OCO－3，ENVISAT 是欧空局的，GOSAT 是日本的，OCO 是美国 NASA，TANSAT 是中国的。OCO 虽是 NASA，但每个上面加载的传感器又有所不同。OCO 的空间分辨率比较高，TANSAT 的空间分辨率也非常好，它们可以提供的产品包括柱总量。二氧化碳探测也具有不确定性，ENVISAT 是 14ppm，OCO 小于 1ppm，相对比较高一些。

（三）准备发射的卫星

1. MicroCarb，是法国和英国合作的，主要用于研究大气中的二氧化碳通量，是欧洲第一颗通过光谱议在可见光近红外波段检测二氧化碳和甲烷，设计精度 1ppm，覆盖每次扫描是 4.5 公里到 9 公里，扫描范围是 40×40 公里，这是法国和英国准备发射的卫星。

2. MERLIN，是德国和法国合作的，计划 2021 年发射。它使用的是激光雷达技术，空间分辨率非常好，0. 15 ×0. 15 公里。另外还有两个传感器，一个是 A - SCOPE，这是欧空局设计的，用激光雷达探测二氧化碳，它的设计精度小于 1ppm，幅宽非常宽为 1 000 公里。美国宇航局的 NASA 有一个 ASCENDS，也是探测二氧化碳昼夜季的变化，主要是研究二氧化碳在全球碳循环中的作用，幅宽大概在 100 公里，探测精度设计精度小于 1ppm，这都是非常高精度的探测卫星。

3. GeoCARB，计划在 2026 年左右发射，回访周期可以达到 8 天，空间分辨率 4 ×5 公里，可以对特定地区进行两次观测（每天）。

4. 欧空局还设计了另外一个卫星传感器，主要探测人类活动对大气的影响，使用的其中一个传感器是法国提供的近红外和短波红外光谱议的组合仪器。另一个探测器是英国提供的，是多角度偏振仪探测器。第三个探测器是比利时提供的云成像仪，回访设计周期是 5 天回访一次。

5. 美国环保协会准备发射一个专门研究甲烷的卫星，它的空间分辨率达到 1 ×1 公里，精度希望低于 2ppm，探测精度提高了很多。

6. COOL 是微型卫星组成的卫星群，这是一家商用公司提出的，它采用的是20颗小卫星，对对流层的甲烷进行探测，使用了卫星群，范围就会比较大，观测范围比较大，每周可以两次对全球做甲烷的观测。

六、基于大气模型的大气二氧化碳和甲烷的浓度模拟

一是GEOS-Chem的模式。它是全球大气三维化学输送模型，对垂直水平方向的大气输送比较敏感，在研究大气组分成分方面具有最广泛的应用。除此之外GEOS同化气象资料涵盖了从1979年至今的同化数据，所以这个模型是目前最流行的，换句话说是使用最广泛的模型。

二是HYSPLIT模式。这是美国国家海洋和大气管理局与澳大利亚气象局在过去20年间联合研发的一种用于计算和分析大气污染物输送扩散轨迹的模型，主要用于分析大气污染物的输送和扩散。

三是Carbon Tracker模式。主要作用就是研究碳通量时空变化特征的大气同化模型，用它来估算地表二氧化碳吸收和释放来追踪大气的二氧化碳源汇。这个模型主要是做二氧化碳源汇追踪的。

四是 MOZART－4 模式。这个模式主要是针对对流层发布的全球三维化学传输模型，这个模型里包含了一氧化碳、甲烷、碳化物、二氧化硫、臭氧等 85 种气象化学物种，能够模拟廓线数据。

全球有 54 个国家已经实现了碳达峰、碳中和，排名前十的排放国家中有 7 个已达峰，有 2 个实现了碳中和。

比如英国要求碳达峰的时间是 1991 年，它承诺零碳时间是 2050 年，欧洲的法国、瑞典、丹麦是在 20 世纪 90 年代实现了碳达峰，承诺的零碳时间也基本在 2040～2050 年。我国承诺在 2030 年碳达峰，2060 年碳中和。

2019 年 IPCC 明确了大气观测要通过自上而下的方法对温室气体排放清单进行支撑和验证。近期，我们就在探索高轨静止卫星如何把主动雷达和被动热红外、红外探测相结合，在未来还需要不断改进反演算法，不断改进辐射传输模式，只有这样才能够生产出高时间分辨率、高空间分辨率和高精度的全球组网的观测数据产品。

8

刘　科

碳中和，政府支持研发，如何让市场来选择技术路径

【专家介绍】

刘科：全球知名的环境能源专家，现任国家千人计划专家联谊会副会长，南方科技大学创新创业学院院长、清洁能源研究院院长，中国与全球化智库常务理事、副主任，深圳瑞科天启科技有限公司（南科大创投公司）创始人，国家海外高层次人才联谊会副会长、深圳市高层次人才联合促进会执行会长。

刘科院士获纽约市立大学化学工程博士，曾在埃克森－美孚、联合技术公司（UTC）和GE等著名跨国公司供职多年。刘科回国后先任神华集团北京低碳

清洁能源研究所（National Inst. of Clean & low-carbon Energy 简称 NICE）副所长及 CTO（该研究所近期改名为国家能源集团北京低碳清洁能源研究院）；国家千人计划化学化工专委会主任，国家特聘专家，千人计划专家。2013 年被任命为神华研究院副院长，同时任中国工程院院刊《工程》杂志（中英文）执行主编，后任编委。2015 年当选为北京高层次人才协会副会长及青委会会长。获得多项国内外大奖，包括 2006 年全美绿宝石特别科学奖、2013 年国际匹茨堡煤炭转化创新年度奖。他还是著名的原加州理工学院能源中心董事，国际匹兹堡煤炭大会（PCC）会议组织等国际组织和公司的董事。2015 年，刘科是继中国工程院主席团名誉主席徐匡迪院士，及国家自然基金委主任李静海院士后第 3 位中国人当选为澳大利亚国家工程院外籍院士（每年全世界只选一人）。

刘科院士于 2014 年辞去神华研究院副院长后创建深圳瑞科天启公司，旨在全球推广清洁能源技术，促成全球资源合作以降低污染。2015 年，刘科当选为卡内基－清华中心理事，促进中美之间清洁能源和环保方面的合作。

刘科院士有美国及中国发明专利 100 余项，在国际一流杂志和会议上发表多篇论文，并有英文专著《氢气与合成气的制造与纯化技术（H2 & Syngas Production & Purification Technologies）》。

近期中国碳交易市场开张。习近平总书记高瞻远瞩地提出要把碳达峰、碳中和纳入生态文明建设整体布局，这彰显了中国建设人类命运共同体的决心。

一、中国的碳排放量

2020 年，中国大概是 103 亿吨二氧化碳排放，其中 95 亿吨源于化石能源的使用。这里我把 2020 年我国三种化石能源的使用量，根据能源行业惯例将热值折算成标准煤（1 吨标准煤燃烧产生 2. 6 吨的二氧化碳），这样就可以得出每年 CO_2 的总排放量。全世界 87% 的石油被烧掉了，天然气主要是做能源用。所以，这三种能源计算下来，全国每年煤炭、石油、天然气总共排放二氧化碳 95 亿吨，占总排放量 103 亿吨的 92% 。

二氧化碳计量很简单，一个单位、一个公司或一个城市每年消耗煤炭、石油、天然气这三种化石能源是多少，分别乘一个系数，再加上耗电总量及电网里火电的比例就很容易把最主要的二氧化碳排放量算出来。给大家一个很重要的信息，103 亿吨除以 14 亿人口数，每人近 7. 4 吨，三口之家约 22 吨，这是一个很大的量。这个量很重要，因为有了这个量的概念，讨论问题时就可以理解，哪些是对碳中和有比较大的帮助，哪些是杯水车薪。

二、关于碳中和的六大误区

误区 1：风能和太阳能可以取代火电实现碳中和

非火电的发电方式无非是太阳能、水电、核能、风能等几大类，核能有很大的潜力，但安全性要求提高，发电成本也会因此增加。其实核是不排放二氧化碳的最大潜能的基础能源。但世界对核的态度也是有各种各样的声音，最根本的就是因为安全系数问题。

有人认为，风能和太阳能可以平价上网了，比煤电都便宜。这话只对了 1/5。一年 8 760 小时，中国的太阳能发电仅为一年的 1/5 到 1/6，风能是 2 000 小时，约在 1/4 到 1/5 之间。不同地方的风力资源都不一样，太阳能资源也不一样，有些是 1 500 小时，有些是 1 700 小时，有些甚至是 1 300 小时，太阳能超过 2 000 小时的地区很少。风能时间比太阳能长一些。但只是在这 1/5 或者 1/4 的时间中风能和太阳能便宜，在其他时间一旦要储电就很贵了。如按照储电成本换算就不是比火电贵一点，而是贵几倍了。

中国的风能、太阳能发电发展了40年，做出了很大贡献。但2019年风能、太阳能的发电量加起来约6 300亿千万时，可替代约1.92亿吨的标准煤，中国火电消耗约20亿吨动力煤（折15.5亿吨标准煤）。风能和太阳能发电总量只有火电的12%左右，还是非常有限的。如果储能成本降不下来，弃光弃风问题会更加严重。在中国弃光弃风有两方面原因：一是技术因素，就是因为太阳能、风能是没办法预测的，非稳定电源占比超过一定比例后，电网就会不稳定，有可能引起大面积停电。随着智能电网的发展，这个比例会有所上升，但仍然需要时间；二是机制因素，地方保护主义的存在可能会让地方出于对当地GDP的考虑，宁可用当地的火电，也不用其他省份的风电、光电、水电。机制问题在中央大力推动“碳中和”的背景下是可以解决的，但技术问题解决依赖于科学和技术的发展，这个发展的进程是难以预测的，仍然需要时间。

误区 2：存在魔术般的大规模储电技术

能源行业不像芯片行业的摩尔定律发展那么快，“碳中和”必须选择现实可行的路线来推进。

电池，大规模储电技术发展了将近 100 多年，从 1859 年铅酸电池发明到现在 100 多年人们一直在研究电池，取得了一些进步，但目前到 GW 级大规模储电，最便宜的技术还是非常古老的抽水储能。所有其他的储能技术，小规模在手机上或者手提电脑、汽车上用电池可以，但大规模像 GW 级的大型火电厂、大型风厂、大型太阳能厂用电池储电成本还是比较高。电池已经研究了 100 年了，大规模储能的成本很难降下来。

就目前的技术而言，要靠电池储电，电价就要比现在传统的火电增加好几倍，因此低成本的大规模储电技术仍然有待开发。

误区 3：可以把二氧化碳制成各种化学品来减碳

全世界 87% 的石油都用于生产汽油、柴油、煤油燃料，最后烧掉产生了二氧化碳，13% 的石油生产了生活用的化学品。二氧化碳除了把它转成能源，还能转成其他的某一个化学品，这块的总体减碳是杯水车薪的，这是第三个误区。

中国人均排放二氧化碳每年 7.4 吨，对于三口之家一年是 22 吨，那是人均水平，已包括乡镇地区。一年一个三口之家就是 40 多吨二氧化碳排放。中和 40 多吨二氧化碳就要生产出 40 多吨产品，无论生产什么含碳产品，给一家人 40 多吨，一年之内是消耗不了的。所以，二氧化碳不太可能转化成其他产品，只能看如何做能源或者少排放。

误区 4：完全依赖 CCS（Carbon Capture and Storage）和 CCUS（Carbon Capture，Utilization and Storage）实现碳中和

CCS 是把二氧化碳从电厂分离出来打到地底下埋藏起来的。CCUS 是二氧化碳分离出来以后再用做油或其他的工业用品，加了一个 Utilization 最后封存。这个研究做了很久，但是目前全世界不管是 CCS 还是 CCUS 的成本都太高。假定成本标定每吨二氧化碳打下去大概 30 美元，其中 20 美元是把二氧化碳从尾气中分离变成纯二氧化碳，剩下的 5 美元是从分离厂输送到埋藏的地方，另外 5 美元用于压缩机。

其实目前二氧化碳最大的应用就是在驱油，但每年消耗量有限。如果是火电最后要把二氧化碳分离打入地下还不如发展核电。有些地方驱油可产生效益，那么能够利用的尽量利用，但完全要依赖它解决碳中和问题难度也是比较大的。

误区5：通过提高能效实现碳中和

能效永远要提高，增加能效永远是低成本的减碳手段，值得鼓励，值得每个人去节能减排。但事实上，假如还是大量使用化石能源，二氧化碳排放会增加很多倍。加入 WTO 时中国煤炭耗量不到 13 亿吨，2014 年最高冲到近 38 亿吨。20 年期间能效提高很多，但碳排放增加到了 3 倍水平。提高能效是需要鼓励大家做的事，但完全靠提高能效达到碳中和是不现实的。

误区6：把燃油车改为电动车降低碳排放

把燃油车改成电动车就可以降低碳排放，这个话也对，但只是在一定范围内对。中国电网约 60% 电还是煤炭发电，而从油井到车轮（Well to Wheel），电动车排碳对碳中和的贡献是非常有限的。只有电网的电大部分是由可再生能源产生时，电动车才能减碳。抛开电力是否本质低碳只谈电动车降低碳排放，这是另外一个误区。

有人认为，风能、太阳能将大量增加，可以用汽车储电。要解决一个问题，首先要保证电从西部的风厂和太阳能厂能够输入到东部汽车上，这样车才能储电，这中间还是有很多技术挑战的。其实电动车的技术一点都不新。因为100年前的纽约大街，1912年跑的电动车远远多于燃油车，这是因为铅酸电池早于内燃机发明20多年。有了铅酸电池再接一个电动机，今天高尔夫球场开的那些车就有了，上面加个棚子就是爱迪生造的车（见图1）。但到了20世纪30年代以后电动车几乎销声匿迹，今天燃油车仍然占了汽车中绝大多数，原因是什么？

图1　1912年，爱迪生跟他的电动车合影

图片来源：美国国家历史博物馆

http：//americanhistory. si. edu/edison/ed_ d22. htm

原因一：交通运输业里经常讲的能量密度。交通运输业中汽车和轮船结构重点是体积能量密度不是重量能量密度，像轮船里面有压仓水，汽车里有压重钢板，但是油箱不能无穷大。不同能源的能量密度是不同的（见图2）：氢气只有3.2kWh/m^3，是最小的；天然气大概10kWh/m^3，铅酸电池大概只有90kWh/m^3。今天电池由90kWh/m^{3}增加到特斯拉或者比亚迪的刀片电池，约260kWh/m^3，电池能量密度有所改进。而液体汽油是8600kWh/m^3，甲醇是4300kWh/m^3。从90kWh/m^{3}到前两年大部分像比亚迪车基本到180kWh/m^{3}左右，这两年增加到260kWh/m^3，这是非常好的进步。但是，260kWh/m^{3}和汽油的8600kWh/m^3、甲醇的4300kWh/m^{3}相比还差了两个数量级。

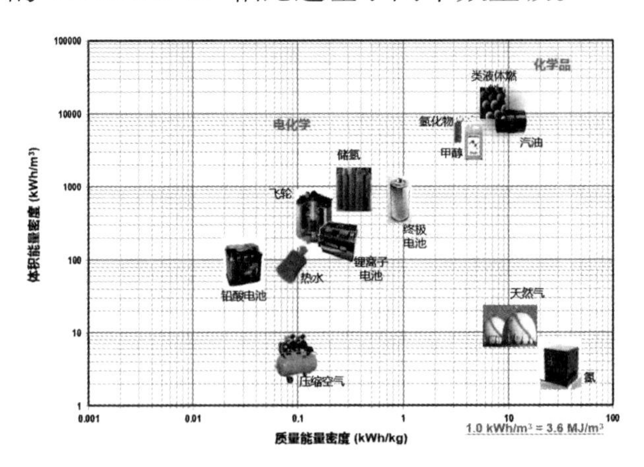

图2　各类能源的能量密度

原因二：为什么选择液体燃料呢？因为液体燃料可以非常便宜地管路输送到沿海港口，而海上则可以非常便宜地跨海输送。假设汽油是从休斯敦炼油厂用船运到深圳盐田港，再到加油站，你付出的 7 元/斤的油中有多少是运费？真正的答案是 7 分钱不到。液体能源最大的好处，装船时管子接进去，到深圳港管子接泵打出，不需要人工，主要成本就是船的油钱和折旧费，一条大船载重 30 万吨，大概折 4 亿升，如果 1 升 1 毛钱就是 4000 万元，我这艘船跑一趟，油钱根本用不了 4000 万元。这是为什么这个世界储藏石油地点少，但汽车开到各个角落的最根本的原因。

原因三：为什么人类第一条流水线是福特汽车流水线？因为生产一台内燃机很贵，但是当研发图纸定型后，一条流水线一年生产 100 万台，一旦量产成本也就是 2300 美元。而电池需要这么多克锂、镍、钴、石墨、铜、稀土，造一辆和造一万辆、造十万辆，每一辆的成本有所下降，但是下降不多。中国电动车从 2016 年的 51.7 万辆增加到 2018 年第一季度统计的 79.4 万辆，28 万辆的增量，但钴价格翻了 4 倍，锂价格翻了 1 倍。

一辆电动车，大概平均要用 53.2 公斤的铜、8.9

公斤的锂、39.9 公斤的镍、24.5 公斤的锰、13.3 公斤的钴、66.3 公斤的石墨、0.5 公斤的稀土，还有其他。最近，这些金属价格都在疯涨。上涨的原因有两点：一是量化宽松，全世界价格都在涨；二是这些金属原来都是有专门用途的（比如用于制备催化剂），用量非常稳定，造车新势力需求量增加，供应增加不上来时，供需失衡价格疯涨。

当钴价翻了 4 倍，锂价翻了 1 倍时，全世界没有一家公司靠回收废旧电池的钴和锂挣钱的，没有形成这样一家独角兽公司，而且电池的回收技术还不完善，还不挣钱。国家发展和改革委大规模梯级利用电池储电的项目都暂停，是因为担心电池的安全性问题。所以当电池回收问题和大规模作为储电的安全问题没有解决前，拼命发展电动车是需要谨慎的。

三、正确认识氢能

燃料电池的优势是发电效率高，因为它是氢和空气中的氧在 80℃左右发电。当然 80℃左右发电比燃烧到 1 000℃时效率肯定要高，散失到大气中的能量也少，而且降低了对石油的依赖，排放为水蒸气。

其实燃料电池并不新，从阿波罗登月的时候就有了。美国政府和大公司花了几百亿美元的研发经费，但看统计数字，2020 年美国只卖了 1 900 多辆燃料电池车。

燃料电池之所以没有发展起来，最根本的原因，是氢气不适合做人类共有的能源载体。氢气是体积能量密度最低的，是元素周期表最小的分子，意味着最容易泄露。

氢气是爆炸范围最宽的气体，4% ~ 74%，小于 4% 是安全的；大于 74%，只着火不爆炸。在 4% ~ 74% 这个范围内遇火星就爆炸。北上广深这些大城市，大量的车是停在地下车库的，地下车库是一个封闭空间，一旦一辆车由于老化或驾驶员疏忽等种种原因泄露爆炸，再引起其他车的爆炸，整栋楼都会倒塌。

因为氢气的安全问题，加氢站在设计过程中就要有一个最小安全距离。

燃料电池有前面这些优点，效率高，排放是水蒸气，但氢气如何创造？这其实有技术方案。在车上装甲醇和水，摩尔比 1∶1，重量比例大概是 64% 的甲醇、36% 的水，甲醇和水大概 200 多摄氏度反应就可以产生氢气，氢气就可以供燃料电池使用。一升甲醇和水反应可以放出 143 克氢，把氢气冷凝到零下 253℃（因为绝对零度是零下 273℃，是不可能达到的），1 升液氢也只生成 72 克氢。所以，一升甲醇和水反应释放的氢量是液氢的两倍。这个方案，以及全世界第一辆车载汽油制氢的燃料汽车，是尼桑、壳牌和联合技术三家跨国公司工程师合力，花上亿美元研发经费开发出来的。

如果汽油在线转化可以做，那么，甲醇在线转化要比汽油容易得多。汽油转化需要温度大于 830℃，甲醇只需要超过 200℃，而且汽油里面含硫，甲醇不含硫。2019 年中国建设了 30 多家氢能产业园。

氢气本身不是天然存在的，它是通过煤、天然气或通过风能、太阳能电解水制得。但是制成氢不好储运，制造容易，储运难。甲醇也可以通过煤、天然气来制，也可以通过风能、太阳能制，也可以把风能、太阳能的氢和劣质煤结合起来做甲醇。一旦制成甲醇，矿泉水瓶就可以装了，就像 64 度的高度酒一样，只是不能喝而已，储运就容易了。现在煤可以制成灰色的甲醇，天然气制成蓝色的甲醇，将来风能、太阳能电解水得到的氢气与二氧化碳可以制成绿色的甲醇。如果真正制成绿色的甲醇，内燃机烧的燃料也是绿色的。

甲醇最大的好处是其基础设施会很便宜，因为加油站要改成甲醇站相对比较容易一些。

全国有十几个城市在示范甲醇汽车。假设我们要建1万座的甲醇站、1万座的充电桩、1万座的加氢站，目前国内充电站基本充电能力24辆，加氢站每天30辆车，加油站每天按照450辆设计的。建1万座甲醇站需要20亿美元，1万座充电桩需要830亿美元，1万座加氢站是需要1.4万亿美元。这是没有算地价的。如果算北上广深地价，一亩地搞一个大型的、像中石化加油站那么大的一个加氢站，至少几亩地在这里了，每一亩现在就上亿了，这样投资下去除非靠国家补贴，否则这一辈子卖油的钱地价都赚不回来。所以，用现有基础设施就很容易改进。另外，现在氢气制造虽然很容易，但一旦搞成高压氢，到700大气压或者350大气压，每公斤的成本就到95～120元，而甲醇制出来每公斤也就15元。

今后假如把煤制甲醇、天然气制甲醇、太阳能和煤结合起来制甲醇，一是来源成本可以控制很低；二是同样的甲醇能源载体，未来也可以做电动车的充电宝，也可以给燃料电池技术供氢。

四、比较现实的碳中和的路线

路线一：煤制甲醇技术和可再生能源相结合

中国煤制甲醇已经有 8 000 万吨左右的产能了，这和我国国情有关。西部弃光弃风的电制成绿氢，制成绿氢同时副产氧气，煤制甲醇的气化炉是将纯氧和水煤浆打到炉子里，形成氢气和一氧化碳。因此煤制甲醇厂都需要一个空气分离制氧气的装置，这一空气分离装置通常成本很高，而且非常耗能。正常的甲醇厂，水气变换反应生成氢气和二氧化碳，如果用电解水制氢同时副产氧气；把绿氢注进甲醇合成装置，氧气用于汽化炉，这样就可以煤制甲醇，不放二氧化碳。这样把煤转成甲醇，甲醇运到各地去，不管是取代汽油或者是分布式发电，都比直接使用煤减碳 50% 以上。这是第一条解决中国石油不够和碳中和的现实道路，成本也是可控的。有些人提出直接拿绿氢和二氧化碳做甲醇，这也可以做，但这个成本高得多。用劣质煤和绿氢相结合，和太阳能、风能结合，制成价格上说得过去的蓝色的甲醇，不能完全绿色，但这样成本和减碳上都有好的贡献。

路线二：煤炭分离技术和土地治理技术相结合

传统的煤炭燃烧产生二氧化碳，形成的灰渣中大概有近10%的碳烧不掉，导致只能做一些路基，不能做建筑材料。现在各大火电厂粉煤灰成灾，每年全国产生约5亿~8亿吨的灰渣，这个量是惊人的，平均一个人将近半吨左右，堆积如山，同时释放二氧化碳。如果利用煤炭微矿分离技术，在燃烧前把煤炭中远古矿物质分离出来，把它和秸秆、有机煤结合，改良大量板结土地、改良盐碱地、改良沙漠，这样就提出了煤炭工业的第一个“碳中和”概念。假设每年分离厂生产25万吨的清洁固体燃料，会排放69.5万吨的二氧化碳，根据不同土壤改良剂治理的面积就可以吸回来48万吨、62万吨、79.4万吨，甚至可能达到碳中和。这是第二条比较现实的碳中和路线。

路线三：光伏和能源结合，做更多太阳能大棚

太阳能发电可以得到很多的碳指标，同时让底下的土壤也能够长得更好。为了保证太阳能板发电，要定期冲洗太阳能板，冲下去水做滴灌，再把底下的土地用土壤改良技术做好的话，就可以使农业太阳能同时发展，这也是比较现实的一个减碳路径。

把太阳能和土壤改良结合起来可以治理沙漠。一般沙子是氧化硅，但我们分离出来的矿物质是几微米的颗粒，分离出来的矿物质主要成分为远古矿物质，还有少量的硼、硒。氧化硅不吸水，但是石灰，倒一瓢水就全吸附进去了。所以，有机质、微生物和沙子结合，吸水能力超强。沙漠太阳光线强，太阳能上面一遮板，水分的挥发量就降低了。有了卖电的收入就可以引黄河水定期冲洗太阳能板，而这个水可以收集起来做滴灌；太阳板下可以种根茎类、种有机植物。等于在太阳能发电的同时把一片片土壤治绿，这个也是比较现实的低成本的碳中和路线。

路线四：把谷电利用起来，运用成本较低的储能技术

中国的大火电厂和天然气电厂不一样。对于天然气电厂，晚上用电少时把阀门关小一点，火也可以相对调小一点；对风电场也是，比如风大了可以把天然气关小一点，风小了把天然气开大一点，这样电网是稳定的。而大火电厂，一旦关小，升上来就要十几二十个小时。所以，半夜 12 点人们都回家了，办公室也关门了，即使不要电时这些大火电厂的煤还烧着，谷电一边放着二氧化碳，一边燃烧着煤，怎么办？储电不好储，但各个家里可以用电热的形式储下来，这样北方可以供暖，南方可以制冷。把谷电这部分的东西储下来，这个是相对来讲成本比较低的储能技术，就比电池储电便宜多了。

路线五：利用可再生能源制甲醇

能源最好的载体是液体，要让风能、太阳能大量发展，与其弃光弃电，不如把大量的风能、太阳能以液体的形式储存下来。现在电网发再多电，没法输送，输送不了的可转成液体，转成甲醇，甚至未来可能转成乙醇。转成液体以后，有多少大罐可以存多少。同时，甲醇的分布式能源系统可以热电联供。有了甲醇，甲醇和水反应，制成氢气发电，家家户户有这么一个箱子，发电足够家庭用了。这是比较现实的第五条碳中和的路线。

能源领域需要创新，但真正的创新主体是要把政产学研联合到一起。

所以，真正能够把政产学研链接起来、能把握能源行业需要的企业家，才能够把新技术和新行业做起来，才能真正达到碳中和。

9

梅德文

中国碳市场前景如何

【专家介绍】

梅德文：北京绿色交易所（原北京环境交易所）总经理。北京大学管理硕士，纽约福坦莫大学金融硕士。兼任河北环境能源交易所董事，北京绿色金融协会秘书长，中国金融学会绿色金融专业委员会副秘书长，中国人民大学生态金融研究中心研究员，中国经济体制改革研究会理事，中国城市经济学会理事等。从2008年北京环境交易所成立至今担任总经理，开展了碳排放权交易、排污权交易、用能权交易与绿色金融产品交易等工作，有二十多年投融资经历，发表了多篇碳市场文章。

一、中国碳中和面临的机遇和挑战

根据卡亚模型，一个国家的碳排放取决于人口数量、人均 GDP、单位 GDP 能耗强度、单位能源碳排放强度。这又分为两类因素：一类因素和发展阶段有关，包括产出和消费结构、节能和减排与固碳技术水平等；另一类因素是能源禀赋和能源品贸易结构，在其他条件相同的情况下，以化石能源为主的国家会比以非化石能源为主的国家产生更多的碳排放。从这个意义上说，中国碳中和面临宏观经济转型、能源转型和金融转型这三大挑战。

（一）宏观经济转型挑战

中国是世界上最大的发展中国家，是世界工厂。2020 年，中国制造业占据全球制造业产出的 28% 左右，中国固定资产投资在 GDP 中所占的比例超过 40%。按照发展和排放的特点，可以将国际社会的减排分为三个类型：

一是欧美等发达国家是低排放高发展。二是非洲等大多数发展中国家是低排放低发展。三是中国目前发展高度依赖高排放，所以，中国目前是高排放高发展。中国特有的供给结构、需求结构、要素结构，决定中国目前还处于粗放型，而非节约型发展模式。

库兹涅茨曲线主要阐述了环境污染和经济发展之间的相关性，一般而言，经济发展到一定阶段之后才会出现碳达峰，中国气候变化事务特使解振华主任早在2010年就说过，发达国家一般是在人均GDP 3万~4万美元时才会达到碳达峰，或者实现库兹涅茨曲线的拐点。中国人均GDP 2020年刚刚突破1万美元，如果按照年均GDP增长5%~6%来推算，到2030年，中国实现碳达峰时，中国人均GDP可能刚刚达到2万美元。所以，即便如此，2万美元距离发达国家碳达峰时的人均GDP 3万~4万美元还有很大差距。因此，中国在实现碳中和的同时还要实现较快追赶式增长。但是理论上宏观经济有一个保增长、调结构、防通胀的宏观经济“不可能三角”，换句话说，不可能同时实现这三个目标，只能选择其中两个目标。某种程度上讲，碳中和本质就是在碳中和背景下调整经济结构实现绿色供给侧改革，同时确保经济高速增长，那么就要牺牲物价稳定，这意味着碳中和会给宏观经济带来物价上涨的潜在风险。

（二）能源转型的挑战

中国的能源结构，富煤贫油少气，是世界上最大的能源消耗国，2020 年能耗折合标准煤将近 50 亿吨。央行原行长周小川指出，碳排放将近 100 亿吨，占全世界碳排放 28% 左右。我们的碳排放超过了“美国 + 欧盟 + 日本”三大经济体排放的总和，大约是美国的 2 倍，欧盟的 3 倍。近期中国气候变化特使解振华主任指出，我国煤炭消费占比仍然超过 50%，单位 GDP 能耗是世界平均水平的 1.4 倍，是发达国家的 2.1 倍，而我国单位能源碳排放强度是世界平均水平的 1.3 倍。

发达国家这样的能源转型一般是三个阶段：首先是煤，其次过渡到石油天然气，最后才过渡到风电、光伏等新能源。而中国目前富煤贫油少气的能源结构，石油和天然气对外依存度分别是 73%、43%，这意味着我们能源转型不可能完全依靠石油和天然气，需要跨越式进入到新能源阶段。但是关于新能源电力产业也有一个所谓的“不可能三角”，即低成本、清洁环保与安全稳定之间只能选择两个目标，不可能三者同时实现。所以在现有的技术条件之下，中国的能源低碳转型也同样面临巨大的挑战。

（三）中国的金融结构或者金融转型也是在碳中和时代面临着重大挑战

我们都知道，中国的金融结构是以间接融资也就是以银行为主。它还是存在着两个风险：

一是中国的证券市场、资本市场对于中国国民经济的发展作用相比于银行还是有一定的差距。

二是中国金融资产，据统计，2020 年底我国金融业机构总资产为 353.19 万亿元人民币，其中，银行业机构总资产为 319.74 万亿元，证券业机构总资产为 10.15 万亿元，保险业机构总资产为 23.3 万亿元。

透过这些巨量的金融资产，我们发现其底层基础资产有很大一部分比例都是化石能源资产，远高于世界的平均水平。根据美国著名学者杰里米·里夫金的研究，世界化石能源资产可能会在 2025～2030 年之间发生一次危机，也就是化石能源资产将会大幅度贬值缩水，特别是以煤炭为代表的资产，比如说煤电，未来的违约率可能会很高，导致金融体系资产风险敞口很大，这就是中国金融资产在碳中和时代面临的重大风险。

综上所述，中国经济结构以资源密集型的制造业为主，能源结构以煤为主，金融资产结构以化石能源资产为主，这导致中国碳中和的风险压力巨大。

我们在此可以比较一下中国和美国的发展，这是世界第二大经济体与世界第一大经济体的对标，同时也是世界最大的发展中国家与世界最大的发达国家之间的对标。2020 年，中国 GDP 约为美国的 70%，人口大约是美国的 430%，能耗大约是美国的 150%，碳排放大约是美国的 200%，广义货币发行量（M2）大约是美国的 175%。这样一组数字对比说明中国的经济效率、能源效率、金融效率都有待提升，如果要如期实现碳达峰、碳中和目标，可能我们的经济、能源、金融都要绿色转型，这就是发展和减排的“两难”。也就是当前中国碳中和面临的巨大挑战。

当然，我们说中国碳中和的机遇也同样是千载难逢。美国著名学者杰里米·里夫金说，目前是以风光等新能源、信息技术、生物技术并发为代表的第三次工业革命。在这次工业革命中，中国的机会最大，为什么这么说呢？因为在能源供给侧，中国目前已经拥有世界最大的风光新能源生产体系。2020 年风光装机分别是2.81 亿千瓦、2.53 亿千瓦，合计5.34 亿千瓦。

而且习近平总书记已经郑重宣布，风光装机总量到2030年要达到12亿千瓦，这也就意味着从现在开始，每年还需要增加6000多万千瓦装机，中国光伏产业具备全产业链的竞争优势，包括上游的硅片、中游的电池与电池板、下游的发电站都有巨大的优势。举例说明，截至2021年10月，我们光伏的重要公司隆基股份市值已经达到5000亿元，已经超过中国神华了。

在传输侧，中国有世界最先进、技术最成熟、居于世界领先地位的特高压电网，特高压电网的特点是长距离、大容量、低损耗；在能源消纳侧或者应用侧，我国的储能与新能源汽车发展突飞猛进，据工信部肖部长宣布，我国新能源汽车总销量连续6年稳居世界第一，累计销售超过550万辆；国务院发展研究中心原副主任刘世锦也认为，中国在本次工业革命或者能源革命之中已经具备了成本优势、市场优势、技术优势与政策优势，中国新能源汽车发展大有可为。他还做了一个统计研究，据分析，美国、日本、欧盟每千人汽车保有量分别是845辆、423辆、575辆，而中国目前仅有173辆，假定未来我们要达到400辆，还有将近230多辆可以直接采用新能源汽车，而发达国家必须达到使用周期之后才能替换，也就是说它有沉默成本和重置成本，而我们如果提早转型，成本就很低。

举例汽车产业，根据 2020 年 11 月的一个统计，世界十大市值汽车公司，比亚迪已经发展成为世界第四大市值的汽车公司，蔚来第六，上汽第十，十大市值汽车公司，中国已经占据三席，当然这是 2020 年底的统计，这个数字都是变化的。在储能方面，中国锂电池产量世界第一，宁德时代稳居世界首位，2021 年股市上把宁德时代称为“宁王”，这个“宁王”的市值已经达到 1.2 万亿元，而且储能还有类似规模效应或者摩尔定律的莱特定律，也就是说当某个产品产量翻一倍之后，它的成本可以下降 15% 以上。具体到储能来说，即，电动车每增加 1 倍，电池价格就能下降 28%，据说到 2025 年，最迟到 2030 年全球电动车产量会从去年的 200 万辆增加到 4000 万辆，在电动车这个超级赛道上，中国突飞猛进，大有可为。

在绿色金融方面，我们国家拥有世界上最大规模的绿色信贷市场。2020 年底，本外币绿色信贷规模将近 12 万亿元，存量规模世界第一；绿色债券存量约 8 000 亿元，居世界第二；中国还是世界最大的碳市场。2021 年 7 月开启的全国电力碳市场交易配额将近 45 亿吨，超过欧盟，已经成为首位。我们可以分析一下，看交易量，从7月16日开市到12月底，累计成交量将近1.79亿吨，成交额将近76.61亿元，平均价格43元/吨。这个价格大家可能没有感觉，也就是全国碳市场43元的价格是试点碳市场价格的2倍以上，可以说我们全国碳市场取得了“开门红”的骄人业绩。当然如何兼顾价格稳定和持续流动性之间是个难题，如果我们能够把碳市场做大做强，做到既有规模还有流动性，能够让它的价格反映真实的边际减排成本，照这样持续发展，金融市场就可以为我们中国碳中和解决大规模的低成本长期资金，中国就有可能抓住第三次工业革命的巨大的历史性机遇，通过发展绿色技术、绿色产业、绿色金融，从过去的资源依赖走向技术依赖从而实现长的技术生长周期。为什么我讲需要一个大规模、低成本的长期资金，因为这对于技术创新至关重要。

关于中国碳中和的投资，清华大学与中金公司等很多机构都分别测算，得出大致相近的结论，就是中国实现碳中和或者说要完成能源转型需要差不多140万亿元的投资。这140万亿元投资需要一个长期的，低成本的大规模资金支持，三个要素：大规模、低成本、长期，有这样的资金支持外，需要金融市场的支持。每一次工业革命的背后都离不开金融市场的支持。

我们回顾历史，每次全球工业革命都开启一轮技术长周期带动的经济增长，大约持续 60～100 年，再次比较一下前两次工业革命，每次工业革命都有一个特点：能源供给、产业消纳、金融支持“三位一体”形成一个协同创新的发展模式。比如说能源供给，第一次工业革命是煤，第二次工业革命是油；传输通道，第一次工业革命是火车，第二次工业革命是石油管道与电网；产业消纳，第一次工业革命包括火车、纺织等，第二次工业革命是汽车；金融市场支持，第一次工业革命是银行，第二次工业革命是银行 + 资本市场；当然，我们也可以总结为结算货币，第一次工业革命是英镑，第二次工业革命是美元。

由此可知，第一次工业革命和第二次工业革命能源供给、产业消纳和金融协同支持的创新、发展、协同的模式，第一次工业革命是煤 + 铁路 + 债券市场，第二次工业革命是石油 + 汽车 + 股票市场，我们可以探讨采用风光新能源 + 电动车 + 碳市场的协同创新发展的模式，可以形成一个完美的闭环，加入这一轮技术长周期工业的革命大潮，以最低成本，最高效率地实现碳达峰与碳中和，从而抓住第三次工业革命这一千载难逢的历史性机遇。

二、对策

如何才能抓住这个机遇呢？我们认为，中国的碳中和需要碳市场。碳市场制度是解决碳排放外部性的有效经济手段。所谓外部性，简单说就是内部成本外部化，外部收益内部化，这是个经济学术语。环境经济学认为，解决环境污染这种所谓“公地悲剧”为代表的这种外部性问题需要借助于科斯定理，也就是当交易成本为零的时候，无论初始产权如何分配，最终都能够实现资源的优化配置，当然我们知道真实的社会里交易成本不可能为零，因此我们就有必要想方设法地降低交易成本，清晰地确定产权。

经济学也认为，资源优化配置有两个重要的条件，一是必要条件，即清晰的确权，二是充分条件，降低交易成本。碳市场就是遵循这样的制度治理，它可以实现总量控制目标下减排成本的最小化，换句话说它可以同时有利于经济高质量增长，破解中国发展与减排的两难问题，促进中国经济、能源与金融结构调整的有效工具。借助市场的力量推动碳达峰、碳中和，碳交易市场是个重要的选项，能低成本高效率地促进经济效能、能源效能和资金效率。

一方面，通过碳市场的激励机制，鼓励新能源产业或非化石能源产业发展，解决减排的正外部性问题；另一方面，通过碳市场的约束机制，抑制化石能源产业，解决碳排放的负外部性问题，也就是说碳交易市场最重要的两个机制，一是激励机制，增加非化石能源的收益；二是约束机制，提高化石能源的综合成本，通过碳交易市场这样的价格信号，反映碳排放的综合社会成本、边际减排成本或者外部性成本。

中国自2005年起就开始参与国际碳市场，当时作为《京都议定书》附件一国家的CDM市场，也就是清洁发展机制市场，从2013年开始，中国在京、津、沪、渝四大直辖市和广东省、湖北省、深圳市以及后来的福建这八省市陆续开展区域碳交易试点，试点的区域、面积、人口总量、GDP总量都具有一定的代表性，试点地区的配额总量就是8个试点总量大约12亿吨左右。从2013年到2021年6月，这8个试点配额总量超过12亿吨，总共近3 000家控排单位，大约1 000家非履约机构，1万多名自然人参与了区域碳交易试点。截至2021年6月，这八个试点八年累计成交

4.8 亿吨，交易额 114 亿元，平均交易价格 23.75 元。基于此基础可以计算一下规模，八个碳交易试点换手率，累计成交量 4.8 亿吨，配额总量 12 亿，4.8 亿吨的是 8 年的，如果除以 8 是 6 000 万吨，这样我们就能算出来，也就是说 6 000 万吨除以 12 亿元，中国平均换手率，过去碳交易换手率是 5% 左右。这样我们得出一个基本的结论，中国的碳交易试点是一个区域分割的市场，也是一个现货市场。由于各种原因，我们过去七八年的中国试点碳交易市场总结起来的特点就是交易规模小，交易价格低，缺乏流动性，投融资功能弱，我们的换手率只有 5%。所以碳交易试点的价格发现功能和资源配置功能都有待完善。

碳交易市场最重要的功能就是为中国碳减排提供低成本、高效率的价格工具，同时也能够为中国 140 万亿计的投资提供价格信号、引导功能、激励机制、风险应对与稳定预期。中国人民银行原行长周小川行长说，碳市场最重要的作用是引导投资，通过跨多个联动的项目和技术投资，逐渐改变未来的生产模式与消费模式，实现“3060”目标的过程必然要依靠大量的投资，无论是发电、交通等行业的碳减排还是发展新科技都需要新的投资，能否吸引这么多投资？这么多投资如何引导、激励，不酿成大的亏空？这么多投资不可能凭空实现，每项投资都需要导向，需要算账，而算账就需要有依据，就需要有个价格信号。毫无疑问碳交易市场就可以为中国的百万亿计的碳中和投资提供一个价格信号，这就是我们刚才一再强调的。

第一次工业革命依靠的是债券市场；第二次工业革命依靠的是资本市场；第三次工业革命，我们认为，需要在银行和资本市场的基础上增加一个新型的金融市场或者类资本市场，那就是碳交易市场。

中国碳市场发展历程

2021 年 7 月，中国碳交易市场千呼万唤始出来，7 月 16 日～12 月 31 日 11 个交易日，交易量近 1.79 亿吨，成交额近 76.61 亿，平均价格 43 元/吨，我们作为碳交易市场的从业者对这个价格还是感觉很振奋的，因为这个价格是全国碳交易试点价格的 2 倍以上，中国京、津、沪、渝，加上广东、湖北、深圳、福建这 8 个碳交易试点，从 2003 年到 2021 年 6 月总共交易量 114 亿元，4.8 亿吨，平均价格 23.75 元/吨。所以我们对于全国碳交易市场 43 元的价格感觉还是非常高兴的。因为它基本是我们目前节能减排的边际成本，清华大学能源环境经济研究所的所长张希良教授认为它取得了“开门红”的骄人业绩。接下来，如何兼顾价格稳定与持续流动性，就是持续的交易量，这是个难题。

目前，碳交易市场就一个行业——电力行业，企业门槛必须是2013~2018年中任何一年的碳排放量超过2.6万吨以上的发电企业，目前全国一共有2 162家发电企业作为重点排放单位，碳市场的主管部门根据电厂的发电量及其对应的基准线为企业分配配额。

之前提到全国碳市场的交易量，一是全国碳市场上个月的交易量；二是8个试点过去七八年的交易量。目前，全国碳市场的配额大约是45亿吨左右，根据中国碳交易试点过去七八年的交易量，换手率大约是5%，可以推算一下，中国全国碳市场的交易量45亿吨的总配额，如果按照5%的换手率来计算，那就是2亿吨的交易量。如果平均是50元，总量便是100亿元，当然，我们认为，未来随着市场规模的扩大，碳价格有可能在试点区域平均价格基础之上实现大幅度的提高，市场规模有可能达到400亿元。我说的这个400亿元指的是当碳价达到200元/吨的时候。

很多专家认为，当中国实现碳达峰的时候，中国碳交易价格有可能还是在100元/吨左右。如果是100

元/吨，5%的换手率，那就是所谓2亿吨，就是200亿元的交易量；如果是200元/吨价格，那就可能达到400亿元交易量。说到这里，我们对中国碳交易市场的配额有了一个初步的了解。目前碳市场的规模只有电力行业一个领域，大约45亿吨配额，未来如果从一个电力行业发展到电力、石化、化工、造纸、建材、民航等八大行业，那配额可能超过70亿吨。所以，我们假设换手率是5%，可以推测未来，比如“十四五”末期或“十五五”也就是2025～2030年间，中国碳交易市场配额总量可能会达到70亿～80亿吨，根据换手率，如果是5%，我们的交易规模可能会达到3.5亿～4亿吨。

假设交易换手率5%。我们来判断一下交易价格，有两种观点，一种是比较谨慎的，一种是比较乐观的。

根据国际权威的环保组织美国环保协会EDF的谨慎预测，认为今年碳交易价格大约50元/吨，到2030年中国碳达峰时大约不到100元，93元；到碳中和时，也就是到2060年可能会达到低于200元/吨，比如167元/吨。我认为，EDF的观点可能偏保守，偏谨慎。当然，预测价格是非常危险的事情。大家都知道有效市场假说，市场价格是不可能判断出来的，这是个非常复杂的问题。但是我们还是希望能够做一个预判。

另外一个判断，清华大学能源环境与经济研究所团队张希良教授认为，碳价格在“十四五”“十五五”期间，也就是说2021～2030年是8～15美元，差不多100元人民币，这对中国碳达峰时的价格，美国环保协会和清华大学能源经济研究所都预测的价格是100元人民币左右。但清华方认为2035年可能会达到25美元，2050年可能会达到115美元，也就是说超过600元人民币。2060年碳中和时可能会超过200～300美元/吨。我为什么抛出这两种预测呢？希望大家自己做一个判断预测，对未来的发展仁者见仁，智者见智，我们也没法做出准确的判断。

在此，可以比较一下，当今世界最大的碳交易市场，中国碳市场尽管配额规模45亿吨，超过欧盟碳交易市场20多亿吨。但是就流动性、价格、交易量来说我们比欧盟碳市场还差得很远。欧盟碳交易市场2020年交易量81亿吨，这个交易量是配额总量的400%多。欧盟碳市场配额不到20亿吨，欧盟碳市场的交易量占全球碳交易总量的约90%。欧盟碳市场2020年的交易额2 010亿欧元，交易价格大约是24欧元。在此，我们可以做一个比较。

按照市场的交易量或流动性、换手率、交易活跃程度来对比，欧盟碳市场的换手率是400%，是中国8个试点碳交易市场换手率的80倍。过去我们2013～2021年6月，8个碳交易市场的交易额114亿元，交易量4.8亿吨，除以8，也就是每年6 000万吨，这样就可以算出来，中国碳交易换手率大约5%。欧盟碳交易换手率是中国碳区域市场的80倍，这是算交易活跃程度或者换手率、流动性。如果按照价格对比，欧盟碳交易市场2020年平均价格24欧元，而中国碳试点2020年平均价格大约23.75元人民币，韩国碳市场价格50多美元，而欧盟碳市场价格50多欧元，当然碳市场价格是浮动的。如果比较价格，中国碳交易市场价格和欧盟碳交易市场价格刚好抵上一个汇率，如果不考虑拍卖成本，欧盟目前的碳市场已经到达第四阶段，目前配额拍卖率超过75%。

欧盟度电碳价格大约是中国度电碳价格的10倍以上。刚才一再强调，碳市场的目的是通过资源配置、风险管理、价格发现来引导稀缺的资源获得更优的配置。如果碳交易市场的规模、流动性、价格都不能够科学地体现或者反映碳排放的边际减排成本、综合社会成本或者外部性成本，也就是说它无法形成公平、合理、科学有效的碳价格的话，碳市场的功能就会大大地减弱。

刚才我们比较了中国和欧盟碳交易市场的交易规模，交易价格，碳交易的流动性、换手率，可以客观地说，中国碳交易市场需要进一步完善科学、合理、有效的价格形成机制，保持我们可能无法实现碳交易市场担任第三次工业革命金融支持的重要历史担当的重任。如前所述，第一次工业革命金融支持靠的是银行，第二次工业革命金融市场靠的是资本市场。中国目前在新能源的供给，我们有最大的新能源体系，传输有特高压电源，消纳有电动车体系和储能体系；但我们还是需要有一个能提供大规模、低成本的长期资金支持的金融市场。当然，中国第三次工业革命的机遇，中国发展新能源产业绝对需要银行与资本市场，但这是远远不够的，还需要新型的资本市场和金融市场，那就是碳市场。但这个历史担当要求中国碳市场的规模、价格、流动性都要达到科学、合理、有效的体系和机制。因此，我们认为，中国碳市场责任重大。

三、案例

比较欧盟碳市场和北京碳市场。由于时间关系，就不详细展开了。

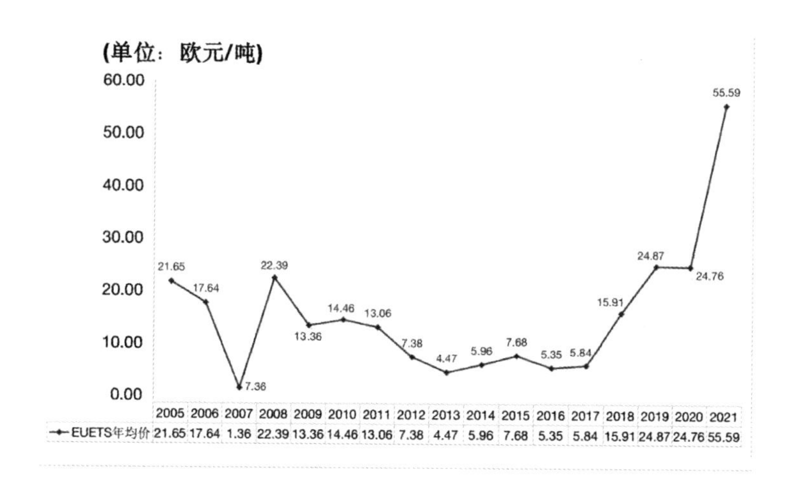

2005～2021 年 EUETS 年均价

数据来源：Wind

欧盟碳市场 2005～2021 年跌宕起伏，蜿蜒曲折的发展历程，欧盟碳市场第一阶段 2005～2007 年，遭遇金融危机；第二阶段 2008～2012 年；第三阶段 2013～2020 年。发现有个非常有意思的地方，2011 年底～2017 年大约七八年时间，欧盟碳交易市场价格都没有超过两位数，也就是碳价格长期低迷，主要有两个原因：一是碳配给供过于求，长期疲软；二是欧盟碳市场初期采取“祖父法”，就是历史分配法的原则，鞭打快牛，不利于市场公平。

2018 年开始，碳价就达到了 15 欧元一直到 2019 年、2020 年的 20 多欧元，为什么达到这样的水平呢？最主要的是：

1. 扩大控排行业的范围，抑制国际抵消信用的使用，有效地减少配额盈余。

2. 采用“市场稳定储备”，也就是 MSR 原则。所谓 MSR 就是市场稳定储备原则，它作为长期控制配额盈余的方案，市场稳定储备原则将给予一定的规则和目标，按照规定的条件自动地调整配额的拍卖量。也就是说它是个长期盈余的配额管理方案，给碳市场提供一个有效的预期。

3. 欧盟碳市场金融产品丰富，碳期货交易活跃。

4. 欧盟碳市场参与主体多元，金融服务发达。

这是我比较了欧盟碳交易市场为什么从几欧元到目前的 50～60 欧元的原因，我们就想说明一个观点，碳市场的配额市场以及碳价格本质上取决于节能减排的边际减排成本，同时也取决于碳配额发放的松紧，因为它是个配额市场。

再说说北京碳交易市场。全国碳交易试点，交易平均价格23.75元/吨，而相对北京碳交易试点体系完整，市场规范，交易活跃，监管严格，北京价格是全国平均价格的3～4倍，主要是因为北京一直坚持严格从紧的配额发放原则，加大核查的力度，并在政策的执行上贯穿始终。所以，我们老说那句广告语“一直被模仿，从未被超越”。简单来说，北京这样的碳市场，最重要的原则是一直坚持从紧的配额发放原则。

因此，碳市场是个配额市场，碳交易的规模，流动性，交易价格是否具备有效性、稳定性，本质上和碳市场是否具备总量控制，而且配额是否有拍卖，配额发放松紧有着密切的关系。

（二）北京大力培育碳中和市场

举例说明，2016年开始，北京绿色交易所参与蚂蚁集团的“蚂蚁森林”项目，作为技术开发商，我们提供了30多种应用场景的碳核算方法，也就是算法。截至2020年底，蚂蚁森林项目累计吸引5.5亿用户，已经种植2亿棵树，种植面积280万亩，守护树林面积280平方公里，累计减排1 200万吨。目前，“蚂蚁森林”项目是个人碳中和领域推进建设低碳社会发展最成功的案例，它获得联合国最高环保荣誉——2019年“地球卫士奖”，也获得联合国环境规划署授予的“激励与行动”的奖项。我为什么在此强调“蚂蚁森林”，是因为“蚂蚁森林”运营了5年，积累了差不多6亿用户，这说明中国广大的中产阶级愿意参与绿色低碳节能环保行动的。也就是说中国已经形成了强大的绿色消费群体，未来这种规模的绿色消费群体可以倒逼中国的绿色生产，绿色消费与绿色流通。“蚂蚁森林”项目还说明，实现碳中和归根到底取决于中国的能源结构调整，产业结构调整和经济结构调整，需要推动中国经济绿色转型，包括中国投资和消费都要转型，而中国绿色转型离不开广大的个人的资产池，我们实现了“蚂蚁森林”项目为我们以化石能源生产、消费、流通为代表的经济体系敲响了一个警钟，未来我们的生产、消费、流通都需要绿色，包括生产方式、生活方式可能都需要绿色转型，形成绿色的生产方式和生活方式。

当然，我们北京绿色交易所目前筹划成立的“碳中和股权基金”“碳基金”，也是为北京的绿色金融国际中心建设而服务的。未来按照市委市政府的要求我们要对标国际领先的碳市场标准，积极发展自愿减排交易，探索绿色资产的跨境转让；同时，借鉴国际碳市场中碳期货、碳期权等成熟的经验，积极开展自愿减排市场的新型碳金融工具，努力服务支撑北京建设全球绿色金融与可持续金融中心建设，希望把北京绿色交易所逐步发展成为中国绿色金融市场重要的基础设施之一，为中国的低成本、高效率地促进碳达峰、碳中和做出自己的贡献。

四、碳达峰、碳中和目标下完善中国碳市场定价机制的展望

2021 年 7 月 16 日，千呼万唤始出来的中国碳交易市场首日交易额高于预期，首日表现让业内人士备受鼓舞。但从第二个交易日开始，虽然交易价格持续攀升，但成交量相比较首日严重下降。根据当前的趋势，由于配额的升值预期，我们认为碳配额的价格仍然是稳中有升的，根据目前的交易量测算，我国全国碳交易市场交易换手率可能在 2% 左右，当然，在履约期到来的时候可能放量，但全年的换手率仍不容乐观。刚才我们讲了欧盟碳市场去年换手率是 400%，中国目前仅有 2%，和欧盟碳市场换手率相比，差别

很大。

我们综合分析全国碳市场建设过程以及开市的表现后认为，中国当前碳市场可能存在一些问题，这个观点我也是借鉴了王康先生的一些观点，我觉得王先生的分析还是比较中肯和客观的。

一是当前配额发放方式决定了碳市场交易难以兼顾价格稳定和持续流动性。因为当前配额是免费发放，配额总量普遍充足，碳市场最重要的市场机制就是总量和交易，就是 Cap and Trade，在这样的机制下，由于配额获取成本为零，一旦供给过剩，碳价很容易跌到地板价。如果我们采用预期管理或者其他措施保持碳价格稳定，又必然抑制交易量，也就是有价无量，所以通过碳交易一周表现，在大家为碳价持续上涨喝彩的同时更值得关注的是流动性不足的隐忧，交易量严重不足，碳价也会缺乏基本面的支撑。

二是参与主体和交易品种单一。当前全国碳市场参与主体限于控排企业，专业碳资产公司、金融机构、个人投资者暂时没有拿到碳交易市场的入场券，虽然降低了炒作投机的风险，但也不利于资金规模扩大和市场活跃度的提升。参与主体的安排，说明当前碳市场的主要功能在于控排企业的履约，长期流动性无法得到外来支撑。同时交易品种仅为配额现货，没有期货、期权、远期、互换等衍生品的进入，缺乏更有效的价格发现工具和风险对冲手段。

三是碳排放的监测核查体系建设任重道远。因为碳资产是建立在碳排放数据基础之上的虚拟资产，碳市场相对于其他市场更加抽象，企业碳排放数据的真实性、完整性和准确性是碳市场公信力的基石，能源数据的核查困难以及社会诚信体系不健全曾经严重困扰合同能源管理产业的发展，可以预见，碳交易市场从一个行业扩展到 8 个行业，除了建材、水泥、化工等能源使用更多元、生产流程更复杂、过程排放更多样行业加入碳交易市场，中国碳交易市场 MRV 体系（可测量、可核查、可报告）将是碳交易市场建设需要攻克的重大难题。

四是 CCER 资产有关政策尚不明朗。因为碳市场有重要的抵消机制。刚才我们说碳市场有两个重要的功能，一是激励机制，二是约束机制，配额市场更多的是约束机制，相当于大棒。CCER 作为自愿市场更多的是激励机制，为非化石能源市场提供一个激励机制，有点像胡萝卜一样，但目前 CCER 市场还没有重启。我们知道，CCER 市场对于体现碳减排项目的环境价值，环境效益、环境收益，传递价格信号作用明显，受到新能源、分布式能源、林业碳汇等广大碳市场相关方的密切关注，也是更多主体参与碳市场的入口。这部分市场还没有重启，这也是个问题。

我们认为，全国碳市场是个复杂的系统工程，得考虑经济发展环境的平衡，欧盟是在碳达峰 15 年之后才建立碳交易市场，而中国还没有碳达峰，目前人均 GDP 也只有 1 万美元。在这样的背景之下，我们建立碳交易市场，可能相当于“惊险一跳”，因为碳市场对于经济结构、金融结构、能源结构是个政策调整工具，但还需要考虑到区域发展和产业发展的不平衡。中国过去有个胡焕庸线，即所谓的瑷珲－腾冲线，就是由于我国区域发展东西不平衡所致，现在南北发展亦不平衡。

价格机制的复杂性，从宏观和远期来看，碳价格由宏观经济总体发展状况、低碳技术进步决定，碳价格理论上应该等于全社会节能减排的边际成本，也就是说碳价格应该反映碳排放的综合社会成本、边际减排成本或外部性成本。但从微观和近期来看，总量与交易，也就是 cap and trade 机制之下，碳价格与碳资产以供需情况来确定。刚才我们分析了欧盟碳市场的价格，为什么2011～2017年七八年时间内长期低迷与疲软，长期处在个位数的价格，一言以蔽之，就是配额放得太松了或者配额放得太多了。后来为什么碳价格一路高歌，狂飙猛进，就是因为采用了各种各样的手段，配额发放紧了，发放得少了。

中国8个试点碳交易市场，只有北京碳交易试点价格一枝独秀，一直被模仿，从未被超越，总结而言，就是“紧”和“少”，即配额发放得紧，配额发放得少。国内外的经验表明，如果总量控制和配额发放的方式不合理，简单说三个条件：是否是总量控制即是否是绝对总量减排、配额分配方式是否有拍卖、是否有期货产品，这三条直接决定了碳交易市场有效性、流动性、稳定性。展开说，碳交易短期价格看需求，长期价格看供给。

碳市场建设还有一个问题是数据体系的复杂性，能耗数据是碳核算最重要的资料来源，由于不同的能源供给，它的主体相对独立，政府、公共事业单位、企业对能源数据的掌握都不够完善、准确，全口径能源数据的归集整理难度非常大，历史碳排放数据库也存在缺失。所以，我们很难确定配额总量和企业配额分配以及政府的宏观调控，形成健全的碳排放监测体系需要多方的长期努力。因此，我们认为全国碳市场将处于较长的完善期。

全国碳市场的扩容与产品的完善将同步进行。我们认为，随着时间的推移，全国碳市场将逐步地克服它的很多缺点和弱点，未来 2～3 年内，8 大行业会有序地纳入，配额的总量有望扩容至 80 亿～90 亿吨/年，当然，这只是一家之言，清华大学的张希良教授认为，8 大行业加入碳市场之后，配额总量会超过 70 亿吨。但考虑到中国经济每年还在以 5% 以上的速度增长，我们认为中国“十四五”“十五五”配额总量有可能会接近或者超过 80 亿吨，如果按 5% 的换手率，未来中国碳市场交易量每年会有 3 亿～4 亿吨，另外取决于交易价格和流动性了。纳入的企业未来将达到 7 000～8 000 家，按照当前的定价水平，碳市场总的资产规模可能会达到 4 000 亿～5 000 亿元。

我们认为，CCER 预计在今年底或明年上半年进入碳市场，企业履约手段更加完善，碳市场向新能源、综合能源服务等产业传导价格的机制也更加完善，未来的专业碳资产公司、金融机构、个人投资者将有可能有序地进入碳交易市场，将有效促进碳市场参与主体更加多元化，资金聚集效果更加明显，市场逐步活跃，从而逐步形成一个缓慢但有效的正向循环。

一般而言，我们认为，碳市场最重要的三个要素是主体、产品与监管。我国要形成具有有效性、流动性、稳定性的兼具广度、深度与弹性的碳市场，要完善碳市场的定价机制，要反映边际减排成本、外部性成本或者综合性成本，这样的碳市场需要三个条件，简单概括为三个关键词：立法、量化、定价。扩展开来，就是立法要严，量化要准，定价要活。

首先，立法。这代表了全社会的意志，我们需要通过严格立法确定减排总量和配额分配方法，建立严格的配套政策体系是判断真实碳价格重要的一部分。目前我国碳市场立法尚未完成，也就是说目前《国务院碳排放权交易管理暂行条例》还没有颁布。

其次，量化。我们认为，将目前的碳核查体系在碳排放因子法、物料质量平衡法等基础之上，再适时地增加以 CEMS 在线监测为代表的直接测量法，对各个控排行业的排放数据进行直接核查，运用现代物联网和区块链技术实现更加低成本的监测比对与核算量化，以达到可比性强，准确性高，实用度强的目的，以建立更加科学严谨的数据支撑体系。生态环境部预计中国碳市场将在“十四五”末，也就是说 2025 年将逐步建成碳监测评估体系，届时，碳监测网络范围和监测要素基本覆盖，碳汇、碳源的评估技术方法基本成熟。

最后，定价，刚才一再强调，因为我们今天的主题是“完善碳交易市场的定价机制，破解中国发展与碳中和两难。”重要的话题我再说一遍，说到定价机制，从宏观和远期来看，碳价由宏观经济、行业发展总体状况、低碳技术进步决定。理论上，碳价应该等于全社会的节能减排成本，但从微观和近期来看，总量与交易机制，碳价由碳资产供需情况确定，所谓长期价格看供给，短期价格看需求。刚才我一再重复了欧盟碳交易市场的发展经验，中国碳交易市场为什么北京价格一枝独秀，是因为其碳配额发放坚持了从紧的配置原则，说句俗话水多了加面，面多了加水，因为碳市场是个配额市场，如果配额发放得太松了，这个市场就无法做到有效性、流动性与稳定性，这是一个非常浅显，非常简单，但也非常重要的市场原则。

完善碳定价机制需要吸纳更加多元化、规模化的参与主体，多元化的市场主体是指数量足够多、具有不同风险偏好、不同的预期、不同信息来源的市场主体，只有市场主体多元化才能形成公允的均衡价格，才能发现真实的碳排放价格，才能发现所谓边际减排成本，综合社会成本，才能反映外部性成本。另外市场的规模要足够大。我刚才一再强调了，欧盟碳交易市场规模是配额规模的4倍。所以，换手率是400%，而中国过去七八年的区域碳交易市场的交易规模只有配额规模的5%。因此碳交易市场规模要足够大，要兼顾持续性、有序性、成熟性和稳健性；同时，碳市场要推出更加市场化与金融化的产品，以满足市场的信用转换、期限转换、流动性转换等市场的基本功能。这意味着碳市场需要提供足够丰富的多层次的产品，不仅包括期货、期权、掉期、远期、期货这些交易性产品，还要包括抵/质押、资产证券化、担保、再融资这样的融资性产品，包括有些企业及投资者实现跨期贴现、套期保值、合理套利以及风险管理，透明和包容性监管也是发展多元化市场主体和多样化产品的土壤，更是碳市场国际化的一个重要前提。

刚才我们第一部分一再强调了中国碳市场面临的机遇与挑战，鉴于中国经济发展与减排的两难、区域发展与产业发展的不平衡、价格机制的系统性以及数据体系的复杂性，我认为，我国碳市场注定是个复杂的系统工程，大概率是一场马拉松，回顾中国碳市场的发展历史，我们已经经历了两个阶段，刚好两个七年。

第一个阶段是 2005～2012 年，整整七年的 CDM（清洁发展机制阶段）；第二个阶段是 2013～2020 年，又是整整七年的区域试点阶段。当然，目前中国的区域试点仍然是和全国碳市场并存。我想说，2013～2020 年主要是以区域试点为主，因为这七年基本上没有 CDM，所以，我们认为这七年还是区域性市场。未来，我们认为还需要一个七年左右的全国碳现货市场阶段，也就是说中国全国的碳现货市场根据中国碳交易市场循序渐进、先易后难的稳健性原则，特别是碳交易市场可能在碳达峰之前更重要的定位或者功能作用，还是我们节能减排的一个政策工具，就是这样的一些定位，我们认为，中国全国现货市场完善需要七八年，也就是说从 2021 年到 2028 年左右，这是全国碳现货市场的阶段。

全国碳现货市场以后怎么办呢？以后会是什么样呢？刚才我也预测到中国碳市场的规模，如果 8 个行业配额总量超过 70 亿～80 亿吨，交易量假设是 5%，会有 3 亿～4 亿吨甚至 5 亿吨交易量。当然这是现货。如果有了期货，我们知道，期货是现货换手率，一般来讲会在 30 ~ 50 倍以上，会更大。关于交易价格，EDF 认为今年 50 元人民币，2030 年 100 元人民币左右，2060 年碳中和的时候 200 元人民币左右，但清华能源经济环境研究所认为，2030 年 15 美元，差不多 100 元人民币；2035 年，25 美元，差不多接近 200 元人民币了，他们认为，2050 年可能会超过 115 美元，2060 年碳中和时可能会超过 200 ~ 300 美元。如果让我做个选择，我个人更倾向于清华的预测和判断，这个逻辑就是金融“不可能三角”与欧盟、美国未来可能要推进的碳边境调节机制。基于这两个判断，我们知道，国际金融中有个“蒙代尔 - 克鲁格曼不可能三角”，就是说在汇率稳定，独立货币政策和资本自由流动三方面变量之中，一个国家只能选择两个目标，不可能三个目标同时实现。而这个理论在碳市场中也许同样有效，长期来看，由于气候变化的全球外部性，碳排放权天然具有国际自由流动的属性，我们如果要保持国内碳中和产业政策优势和独立性，碳价一定会向国际碳市场趋平，碳价格一定会向国际碳市场趋同化。

过去中国碳交易试点价格和欧盟碳市场价格刚好相差一个汇率，我们是 24 元人民币，欧盟是 24 欧元。

现在全国碳市场43多元人民币，欧盟是50多欧元，刚好相差一个汇率。特别是按照目前的价格对比，欧洲碳排放配额基本是100%的拍卖，欧洲度电碳价格大约是中国度电碳价格的10倍以上，实际根本就不止。也就是说长远来看，中国资本市场一开放，全方位地引进外资，外资也会进入中国碳市场。

未来还有一个情况，随着国际气候谈判的不断深入，NDC国家自主贡献制度，我们认为也会逐步地发生一些改变，日趋合理、公平、科学，在这样的背景之下，欧盟碳边际调节机制已经在欧洲议会通过，一旦2023年之后碳关税正式启动实施的话，欧盟会对它的进口商品、含碳量进行征税，它认为如果你没有缴纳和欧盟碳交易市场大致相近的价格，就是没有支付这样的碳排放成本，低于欧洲碳价格的差值来计算碳税，国内外巨大的碳价格差异会产生巨大的碳套利空间。

一旦存在套利，价格差就会消除，这也是所谓的巨无霸汉堡包一价定律，或者国际贸易理论中的要素市场价格驱动理论在碳交易市场的一种反映。还包括美国也在推进碳边境调节机制，这样的基础之上，国际碳交易市场，我们认为在2050年有可能形成一体化的国际碳交易市场。那么国际碳交易价格有望形成趋同化，这是美国碳边境调节机制。

从长远看，如果全球气候治理的基本框架和规则因为发达国家碳关税政策出现调整，将在很长一段时间之内会影响中国的节能减排工作。也就是说未来 40 年，中国经济将经历一条非常陡峭的减排路径，也就是说我们的库兹涅茨曲线将会非常陡峭，相当于给中国陡峭的碳中和路径上再增加一些障碍，要求中国在更加严格的排放约束条件之下实现发展，在更短的时间内适应更大的变化。所以我总结中国的碳市场，如果说三个单词就是立法、量化与定价；如果展开说就是严格的立法、严谨的量化、严肃的定价。如果从最简单的单个字来代替，就是立法要严、量化要准、定价要活。如何才能实现严格立法，严格量化与严肃定价呢？需要 9 个转向，我就不展开了。

我们认为，中国新能源供需已经形成一个完美的闭环，这非常重要，即中国新能源供给，这个供给侧有风光新能源，传输有特高压电网，加上分布式能源微电网；消费侧有储能、新能源汽车；如果再加上碳市场和人民币国际化就可以形成一个完美的闭环，就可以抓住新一轮的技术长周期，就可以以最低成本，最高效率地实现碳达峰与碳中和，从而抓住这一次千载难逢的历史性的关于第三次工业革命的巨大机遇，进而实现中华民族的伟大复兴，为全球应对气候变化与人类命运共同体做出重要的贡献。

当然，这一切都需要一个强大的绿色金融市场和碳交易市场，要强大的不仅是规模，还有效率。两者相较我们认为，效率更加重要。

最后，我用一句硅谷的名言结束今晚冗长的讲座，据说比尔·盖茨特别喜欢引用这句名言："人们总是高估一个新技术新事物的短期影响力，而低估它的长期影响力。"也许，碳市场就是这样一个新技术、新事物。

中国人民大学重阳金融研究院
图书出版系列

一、智库新锐作品系列

1.《百年变局》：王文、贾晋京、刘玉书、王鹏著. 北京师范大学出版社. 2020 年 5 月

2.《数字中国：区块链、智能革命与国家治理的未来》：王文、刘玉书著. 中信出版集团. 2020 年 3 月

二、智库作品系列

3.《财富是认知的变现》：舒泰峰著. 中国纺织出版社. 2021 年 12 月

4.《称量货币时代》：石俊志著. 中国金融出版社. 2021 年 11 月

5.《中国金融软实力：金融强国新支撑》：中国人民大学重阳金融研究院编著. 人民出版社. 2021 年 10 月

6.《迈向绿色发展之路》：翟永平、王文主编．人民出版社．2021 年 6 月

7.《绿色金融的机遇与展望：名家解读中国绿色发展》：中国金融学会绿色金融委员会主编．中国金融出版社．2021 年 5 月

8.《转型的世界：对国际体系、中国及全球发展的思考》：达尼洛·图尔克著．外文出版社．2020 年 12 月

9.《战疫——让世界更了解中国》（中、英文版）．刘元春主编．外文出版社．2020 年 12 月

10.《世界古国货币漫谈》：石俊志著．经济管理出版社．2020 年 11 月

11.《看好中国（罗马尼亚文）》：王文著．Integral 出版社．2020 年 11 月

12.《负利率陷阱：西方金融强国之鉴》：王文、贾晋京、刘英等著．中国金融出版社．2020 年 10 月

13.《探讨中国发展之路——吴晓求对话九位国际顶级专家》：吴晓求 等著，王文 主持．中国经济出版社．2020 年 6 月

14.《成就、思考、展望——名家解读新中国 70 年辉煌成就》：庄毓敏主编，王文执行主编．中国经济出版社．2020 年 6 月

15.《货币主权：金融强国之基石》：王文、周洛华 等著．中国金融出版社．2020 年 5 月

16.《开启亚欧新时代：中俄智库联合研究两国共同复兴

的新增量》：王文、［俄］谢尔盖·格拉济耶夫主编．人民出版社．2019 年 11 月

17.《大金融时代——走向金融强国之路》：王文、贾晋京、卞永祖等著．人民出版社．2019 年 10 月

18.《中国改革开放 40 年与中国金融学科发展》：吴晓求主编．中国经济出版社．2019 年 9 月

19.《看好中国（繁体中文）》：王文著．开明出版社（台北）．2019 年 9 月

20.《最后一场世界大战：美国挑起与输掉的战争》：格拉济耶夫著．世界知识出版社．2019 年 8 月

21.《强国与富民》：中国人民大学重阳金融研究院主编．中国人民大学出版社．2019 年 8 月

22.《强国长征路：百国调研归来看中华复兴与世界未来》：王文著．中共中央党校出版社．2019 年 7 月

23.《"一带一路"这五年的故事》(7 本六大语种)：刘伟主编．外文出版社．2019 年 4 月

24.《货币起源》：周洛华著．上海财经大学出版社．2019 年 4 月

25.《伊朗：反妖魔化》（中英波斯三语）：王文著．伊朗纳尔出版社．2019 年 4 月

26.《别误读中国经济》：罗思义著．天津人民出版社．2019 年 2 月

27.《看好中国》（英文版）：王文著．英国莱斯出版社．

2018 年 11 月

28.《中国改革大趋势》：刘伟主编．人民出版社．2018 年 10 月

29.《到人大重阳听名教授讲座》（第一辑）：王文主编 胡海滨 执行主编．中国金融出版社．2018 年 10 月

30.《造血金融与一带一路：中非发展合作新模式》：程诚著．中国人民大学出版社．2018 年 8 月

31.《新丝路、新格局——全球治理变革的中国智慧》：王利明主编．新世界出版社．2018 年 6 月

32.《富豪政治的悖论与悲喜》：陈晨晨著．世界知识出版社．2018 年 4 月

33.《“一带一路”民心相通》：郭业洲主编．人民出版社．2018 年 1 月

34.《看好中国：一位智库学者的全球演讲》：王文著．人民出版社．2017 年 10 月

35.《风云激荡的世界》：何亚非著．人民出版社．2017 年 10 月

36.《读懂“一带一路”蓝图》：刘伟主编．商务印书馆．2017 年 8 月

37.《金砖国家：新全球化发动机》：王文、刘英著．新世界出版社．2017 年 7 月

38.《全球治理新格局——G20 的中国贡献于未来展望》：费伊楠、人大重阳著．新世界出版社．2017 年 7 月

39.《“一带一路”故事系列丛书》(7 本 6 大语种):刘伟主编. 外文出版社. 2017 年 5 月

40.《世界新平庸 中国新思虑》:何伟文著. 科学出版社. 2017 年 5 月

41.《一带一路:中国崛起的天下担当》:王义桅著. 人民出版社. 2017 年 4 月

42.《在危机中崛起:美国如何实现经济转型》:刘戈著. 中信出版集团. 2017 年 4 月

43.《绿色金融与“一带一路”》:中国人民大学重阳金融研究院、中国人民大学生态金融研究中心著. 中国金融出版社. 2017 年 4 月

44.《破解中国经济十大难题》:中国人民大学重阳金融研究院著. 人民出版社. 2017 年 3 月

45.《伐谋:中国智库影响世界之道》:王文著. 人民出版社. 2016 年 12 月

46.《人民币为什么行》:王文、贾晋京 编著. 中信出版集团. 2016 年 11 月

47.《中国—G20》(大型画册):中国人民大学重阳金融研究院著. 五洲传播出版社. 2016 年 8 月

48.《G20 问与答》:中国人民大学重阳金融研究院著. 五洲传播出版社. 2016 年 8 月

49.《全球治理的中国方案》:辛本健 编著. 机械工业出版社. 2016 年 8 月

50. 《“一带一路”国际贸易支点城市研究》(英文版): 中国人民大学重阳金融研究院著. 新世界出版社. 2016 年 8 月

51. 《2016: G20 与中国》(英文版): 中国人民大学重阳金融研究院著. 新世界出版社. 2016 年 7 月

52. 《世界是通的——“一带一路”的逻辑》: 王义桅著. 商务印书馆. 2016 年 6 月

53. 《一盘大棋——中国新命运的解析》: 罗思义著. 江苏凤凰文艺出版社. 2016 年 4 月

54. 《美国的焦虑: 一位智库学者调研美国手记》: 王文著. 人民出版社. 2016 年 3 月

55. 《2016: G20 与中国》: 中国人民大学重阳金融研究院著. 中信出版集团. 2016 年 2 月

56. 《“一带一路”国际贸易新格局: “一带一路”智库研究蓝皮书 2015 – 2016》: 中国人民大学重阳金融研究院主编. 中信出版集团. 2016 年 1 月

57. 《G20 与全球治理: G20 智库蓝皮书 2015 – 2016》: 中国人民大学重阳金融研究院主编. 中信出版集团. 2015 年 12 月

58. 《“一带一路”国际贸易支点城市研究》: 中国人民大学重阳金融研究院著. 中信出版集团. 2015 年 12 月

59. 《从丝绸之路到欧亚大陆桥》: 黑尔佳 · 策普 – 拉鲁什、威廉 · 琼斯 主编. 江苏人民出版社. 2015 年 10 月

60. 《财富新时代——如何激活百姓的钱》：王永昌 主笔 & 主编．中国经济出版社．2015 年 7 月

61. 《生态金融的发展与未来》：陈雨露主编．人民出版社．2015 年 6 月

62. 《构建中国绿色金融体系》：绿色金融工作小组著．中国金融出版社．2015 年 4 月

63. 《“一带一路”机遇与挑战》：王义桅著．人民出版社．2015 年 4 月

64. 《重塑全球治理——关于全球治理的理论与实践》：庞中英著．中国经济出版社．2015 年 3 月

65. 《金融制裁——美国新型全球不对称权力》：徐以升著．中国经济出版社．2015 年 1 月

66. 《大金融与综合增长的世界——G20 智库蓝皮书 2014 - 2015》：陈雨露主编．中国经济出版社．2014 年 11 月

67. 《欧亚时代——丝绸之路经济带研究蓝皮书 2014 - 2015》：中国人民大学重阳金融研究院主编．中国经济出版社．2014 年 10 月

68. 《重新发现中国优势》：中国人民大学重阳金融研究院主编．中国经济出版社．2014 年 8 月

69. 《谁来治理新世界——关于 G20 的现状与未来》：中国人民大学重阳金融研究院主编．社会科学文献出版社．2014 年 1 月

三、学术作品系列

70.《中国绿色金融发展报告 2021》：马中、周月秋、王文主编. 中国金融出版社. 2022 年 1 月

71.《中国绿色金融发展报告 2020》：马中、周月秋、王文主编. 中国金融出版社. 2021 年 1 月

72.《经济政策不确定性与微观企业行为研究》：刘庭竹著. 中国人民大学出版社. 2020 年 11 月

73.《"一带一路"大百科》：刘伟主编，王文执行主编. 湖北：崇文书局. 2019 年 12 月

74.《中国绿色金融发展报告 2019》：马中、周月秋、王文主编. 中国金融出版社. 2019 年 12 月

75.《轻与重：中国税收负担全景透视》：吕冰洋. 中国金融出版社. 2019 年 2 月

76.《中国绿色金融发展报告 2018》：马中、周月秋、王文主编. 中国金融出版社. 2018 年 7 月

77.《全球视野下的金融学科发展》：吴晓求主编. 中国金融出版社. 2018 年 5 月

78.《"一带一路"投资绿色标尺》：王文、翟永平主编. 人民出版社. 2018 年 4 月

79.《"一带一路"投资绿色成本与收益核算》：王文、翟永平主编. 人民出版社. 2018 年 4 月

80.《中国绿色金融发展报告 2017》：马中、周月秋、王文主编. 中国金融出版社. 2018 年 1 月

81.《互联网金融风险与监管研究》：刘志洋、宋玉颖著. 中国金融出版社. 2017 年 9 月

82.《从万科到阿里——分散股权时代的公司治理》：郑志刚著. 北京大学出版社. 2017 年 4 月

83.《金融杠杆与宏观经济：全球经验及对中国的启示》：中国人民大学重阳金融研究院著. 中国金融出版社. 2017 年 4 月

84.《DSGE 宏观金融建模及政策模拟分析》：马勇著. 中国金融出版社. 2017 年 2 月

85.《金融杠杆水平的适度性研究》：朱澄著. 中国金融出版社. 2016 年 10 月

86.《金融监管与宏观审慎》：马勇著. 中国金融出版社. 2016 年 4 月

87.《中国艺术品金融 2015 年度研究报告》：庄毓敏、陆华强、黄隽主编. 中国金融出版社. 2016 年 3 月

四、金融下午茶系列

88.《有趣的金融》：董希淼著. 中信出版集团. 2016 年 7 月

89.《插嘴集》：刘志勤著. 九州出版社. 2016 年 1 月

90.《多嘴集》：刘志勤著．九州出版社．2014 年 7 月

91.《金融是杯下午茶》：中国人民大学重阳金融研究院主编．东方出版社．2014 年 4 月